作物科学研究

棉花株型遗传育种

李成奇　付远志　王清连　著

科学出版社

北京

内 容 简 介

本书是一本棉花株型方面的专著。全书围绕棉花株型，较全面系统地论述了棉花株型性状的遗传、QTL 定位及分子设计育种。全书共分为六章。第一章和第二章简要介绍了棉花遗传育种及株型研究进展。第三章至第五章展示了作者近年来在棉花株型遗传及 QTL 定位方面的研究成果。其中，第三章展示了棉花株型性状的遗传、株型性状与皮棉产量的关系；第四章展示了棉花株型性状的连锁作图；第五章展示了棉花株型性状的关联作图。第六章对棉花株型育种进行了展望，提出了棉花株型的分子设计育种策略。

本书可以作为从事棉花遗传育种的科研人员、研究生及相关研究人员的参考用书。

图书在版编目(CIP)数据

棉花株型遗传育种 / 李成奇，付远志，王清连著.—北京：科学出版社，2017.5
　（作物科学研究）
　ISBN 978-7-03-052608-3

Ⅰ.①棉⋯ Ⅱ.①李⋯ ②付⋯ ③王⋯ Ⅲ.①棉花-株型-遗传育种 Ⅳ.①S562.032

中国版本图书馆 CIP 数据核字(2017)第 078776 号

责任编辑：张会格 / 责任校对：李　影
责任印制：张　伟 / 封面设计：刘新新

科 学 出 版 社 出版
北京东黄城根北街 16 号
邮政编码：100717
http://www.sciencep.com

北京科印技术咨询服务公司 印刷

科学出版社发行　　各地新华书店经销

*

2017 年 5 月第　一　版　　开本：720×1000　B5
2018 年 1 月第二次印刷　　印张：8 5/8
字数：174 000

定价：68.00 元
（如有印装质量问题，我社负责调换）

技专项（161100510100）、国家农业科技成果转化资金项目（2010GB2D000278）、国家转基因生物新品种培育科技重大专项（2014Z7C08005-002）、863 计划（2012AA10A102、2012AA101108-02-13）等项目在棉花株型遗传育种方面的研究成果。

　　受作者水平所限，不足之处在所难免，欢迎广大读者批评指正。

著　者

2016 年 12 月 10 日

前　言

　　株型遗传育种在水稻、小麦、玉米等禾谷类作物上研究和报道较多，也有相关专著出版。棉花是重要的纤维作物和油料作物，在国民经济中占有重要地位。塑造理想株型对提高棉花产量和纤维品质、改善性状间的关系意义重大。然而，与禾谷类作物相比，棉花株型的研究和应用相对匮乏。同时，由于棉花的无限生长习性，棉花株型又有其特殊性，不同生态环境对理想株型的要求存在差异。迄今未见棉花株型方面的专著出版。

　　棉花株型是一个综合性状，是根据果枝和叶枝的分布情况及果枝长短形成的，主要性状包括株高、叶形及大小、果枝类型、果枝节间、果枝夹角和铃型等。这些性状多属复杂的数量性状，受基因型和环境共同控制。利用传统育种方法改良棉花株型难度极大。20 世纪 70 年代以来，随着主基因+多基因混合遗传理论日臻成熟，人们仅依赖表型数据即可鉴定控制数量性状的主基因。20 世纪 80 年代以来，分子标记技术得到了迅速发展，以饱和遗传连锁图谱为基础的数量性状基因定位给数量性状遗传解析带来了一场革命。进入 21 世纪，在基因组学和功能基因组学研究获得重大理论和技术突破，在基因挖掘、分子标记辅助选择及转基因技术研究获得较大进步的基础上，各国科学家力图利用分子育种技术克服传统育种的缺点。挖掘大量的稳定、主效目标性状 QTL，利用与其紧密连锁的功能标记进行分子设计育种，是现代作物育种的发展方向。

　　作者以课题组自主培育的高产陆地棉品种百棉 1 号（中熟棉）和百棉 2 号（短季棉）为亲本，分别与陆地棉遗传标准系 TM-1 和中棉所 12 杂交，进行棉花株型性状的遗传和 QTL 分析；以来自不同系谱不同生态棉区的 172 份陆地棉骨干品种（系）构成种质资源群体，在遗传多样性和群体结构分析的基础上，利用关联作图鉴定与棉花株型性状关联的分子标记。研究结果为棉花株型性状遗传解析和分子设计育种奠定基础。

　　本书由河南科技学院棉花研究所的李成奇、付远志和王清连共同撰写而成。付远志撰写了第一章和第二章，李成奇撰写了第三章、第四章和第五章，王清连撰写了第六章。全书由李成奇统稿。

　　本书主要是基于河南科技学院现代生物育种河南省协同创新中心专项、河南省优势特色学科（A 类）作物学专项、"十三五"国家重点研发计划项目（2016YFD 0101413）、河南省现代农业产业技术体系首席专家项目（2013-07）、河南省重大科

目　录

第一章　棉花遗传育种研究进展

第一节　棉花主要性状的遗传

一、数量性状遗传研究方法

（一）经典数量遗传学

遗传学中常把生物性状分为质量性状和数量性状。质量性状表现为不连续变异，数量性状表现为连续变异。植物育种目标性状包括产量、品质、生育期、抗病虫性、耐逆性等多属数量性状，数量性状的遗传研究对植物育种的理论、方法和策略至关重要。早在 19 世纪末 20 世纪初，著名的孟德尔遗传定律得到重视并推广应用，数量遗传学的研究便迅速发展开来。随着 Fisher（1918）、Fisher 等（1932）、Haldane（1932）和 Wright（1931，1935）等新理论的不断提出，经典数量遗传学得到了迅速发展。经典数量遗传学的基本假设是微效多基因模型。该假设认为影响数量性状的所有基因都是微效的，并假定各位点有相同的遗传效应。经典数量遗传学只注重生物性状的数量表现，几乎完全没有涉及数量性状的遗传基础。数量性状的群体表现型近似于正态分布，因此可用描述群体特征的平均数、方差、协方差等参数来度量数量性状。理解这些参数的遗传意义至关重要，它是对多基因控制的数量性状做出遗传解释的基础。这类分析的结果是多基因系统中全部基因成员的一种总的或平均的性质，每个基因的作用一般是不清楚的。Fisher（1918）最早利用加性-显性遗传模型或加性-显性-上位性遗传模型对多基因体系中的表型效应进行分析，后来 Hartley 和 Rao（1967）、Mather（1971）、Patterson 和 Thompson（1971）等学者对多基因遗传体系进行了不断深入和完善。Cockerham（1980）提出的广义遗传模型，为建立各种复杂的遗传模型奠定了理论基础。

（二）主基因+多基因混合遗传

20 世纪 70 年代，人们对数量性状基因的认识已有所深化。研究表明，数量性状不仅存在多基因遗传模式，还存在主基因遗传模式和主基因+多基因混合遗传模式。研究的重点不再仅仅是多基因，而是开始深化主基因与剩余变异混合的遗传模式，即"主基因+多基因混合遗传模型"。主基因+多基因混合遗传模型属于现代数量遗传学的研究内容，它与经典数量遗传学的根本区别是将数量遗传的研究重点转向数量性状基因本身。主基因+多基因混合遗传模型首先在人类和动物遗传研究中得到发展。在植物的主基因和多基因问题上，莫惠栋（1993a，1993b）建立了一对主基因存在时的主基因+多基因混合遗传模型，对各个世代的遗传组成进行了分析和遗传参数估计；鉴于后代的分组趋势不明显，提出采用后裔测验方法，通过聚类分析确定后代个体的主基因基因型。姜长鉴和莫惠栋（1995）、姜长鉴等（1995）将极大似然法和 EM 算法（Expectation-maximization algorithm）用于 F_2、F_3 及回交世代的主基因+多基因遗传模型分析。盖钧镒等（1999）认为，主基因+多基因混合遗传模型是数量性状的通用模型，单纯的主基因和单纯的多基因模型为其特例，并由此发展了一套迄今为止最为完整的主基因+多基因混合遗传模型分离分析方法体系（盖钧镒等，2003）。该体系假定二倍体核遗传、不存在母体效应、主基因和多基因之间无互作和连锁、配子或合子无选择，每一个分离世代的分布是多个围绕主基因型由多基因和环境修饰而成的正态分布的混合分布；设定多种可能的主基因+多基因遗传模型包括其极端的情形，从而建立各种遗传模型的由全部成分分布组成的极大似然函数；通过 EM 算法由实际得到的数据计算各种可能模型下的成分分布参数及相应的似然函数值；由极大似然函数值计算出 AIC（Akaike's information criterion）值，根据期望熵最大为最优假定的原则，即最小 AIC 值原则，从各种模型中选出最优模型及其相应的成分分布参数；由最优模型的分布参数估计出主基因和多基因的遗传参数，按贝叶斯（Bayes）方法计算分离世代中每一个体属于各种主基因型的后验概率，由概率的大小判别主基因型的归属。该体系建立了单个分离世代分析和多个分离世代联合分析的鉴定方法。单个分离世代分析包括 F_2 群体、BC_1F_1 群体、$F_{2:3}$ 家系群体、$BC_1F_{1:2}$ 家系群体、加倍单倍体群体或重组自交系群体。多个分离世代联合分析包括 P_1、P_2、F_1、F_2 或 $F_{2:3}$ 的四世代联合分析，P_1、P_2、F_1、B_1、B_2 和 F_2 的六世代联合分析，以及 P_1、P_2、F_1、$B_{1:2}$、$B_{2:2}$ 和 $F_{2:3}$ 的六世代联合分析。

（三）分子数量遗传学

20 世纪 80 年代以来，由于分子标记技术的迅速发展，以饱和遗传连锁图谱为基础的数量性状基因（quantitative trait locus，QTL）定位，给数量性状遗传研究带来了一场革命。以分子标记为手段的数量遗传学称为分子数量遗传学，其最终目的是为目标性状的 QTL 鉴定和标记辅助选择（marker-assisted selection，MAS）提供理论基础和方法支撑。鉴定 QTL 的方法有连锁作图（linkage mapping）和关联作图（association mapping）。连锁作图是通过构建适当的作图群体，对群体进行分子标记研究，根据分子标记基因型与目标性状的关系分析，进行 QTL 定位和遗传效应分析。其分析方法包括单标记分析法（均值-方差分析法、矩法和极大似然法、相关分析法）、区间作图法（Lander and Botstein，1989）、复合区间作图法（Zeng，1994）、多区间作图法（Kao et al.，1999）、基于混合线性模型的复合区间作图法（朱军，

1999）和完备区间作图法（Meng et al.，2015）等。利用连锁作图，前人已在许多作物上构建了相对饱和的遗传连锁图谱，进行了重要性状的 QTL 定位和遗传研究。关联作图是解析植物数量性状基因的另一重要方法。一般以群体结构非固定的自然群体（种内）或种质资源群体为研究对象，以长期重组后保留下来的基因（位点）间连锁不平衡（linkage disequilibrium，LD）为基础，在获得群体表型数据与基因型数据后，采用统计方法检测遗传多态性与性状可遗传变异之间的关联（Mackay and Powel，2007）。关联作图已引起种质资源研究者的重视，在多数作物多数性状上已鉴定到与目标性状显著关联的标记位点，并获得了一批优异等位基因及代表性材料。同时，关联作图和连锁作图相互补充验证，大大促进了数量性状遗传解析。

二、棉花主要性状的经典数量遗传

（一）棉花主要性状的遗传效应

控制棉花数量性状的遗传效应分为加性效应和非加性效应，以及它们与环境的互作，其中加性效应和加性与加性的上位性效应是可固定遗传的效应。棉花遗传效应的研究能够为棉花育种提供重要的理论基础，具有重要意义。

在产量和品质性状方面，孙济中等（1994）对国内外 20 世纪 80 年代公开发表的 200 多篇双列杂交试验结果统计后发现，对与棉花产量和品质等经济性状的遗传试验结果并未获得一致的结论，对同一性状以加性为主、非加性为主或两者同等重要的报道都有。其中，产量、种子蛋白质和含油量以非加性效应遗传为主的结果居多；衣分、纤维长度、子指、纤维细度（马克隆值）则以加性效应遗传的试验居多；铃数、铃重、纤维强度等性状的遗传，三种试验结论都有较多的支持。潘家驹（1998）根据国内外大多数试验结果，认为衣分、衣指和纤维强度的加性效应作用远大于显性效应，这些性状的遗传效应以加性效应为主；产量、单株铃数和纤维细度的显性效应占较大比例，这些性状的遗传效应以显性效应为主；铃重、子指和纤维长度等性状的加性效应和显性效应相当，这些性状的加性效应和显性效应都是重要的。袁有禄（2000）利用 5 个具有不同纤维品质性状的品种（系）配制完全双列杂交组合 20 个，通过亲本和 F_1 的两年随机区组试验发现，铃重和衣分与环境的互作效应小，不存在母体效应，并以加性效应为主。韩祥铭和刘英欣（2002）采用加性-显性与环境互作的遗传模型，分析陆地棉（*Gossypium hirsutum* L.）8 个杂交亲本和 28 个 F_1 组合的 7 个产量性状的两年试验资料，估算各项遗传方差分量。结果表明，产量性状受加性效应和显性效应共同控制，各产量性状的加性×环境互作效应均极显著，铃重、衣分和子指还受显性×环境互作效应的极显著影响。孙君灵等（2004）以 1 个高强纤维品系为父本，以 6 个常规棉品系、5 个转 *Bt* 基因抗虫棉品系和 5 个彩色棉品系为母本配制杂交组合，利用加性-显性遗传模型研究了产量性状的遗传效应。结果表明，常规棉群体和抗虫棉群体的衣分、子棉产量等性状的基因显性效应对杂种一代性状形成起主导作用；彩色棉群体的子棉产量受加性和非加性效应共同控制，而衣分的遗传变异主要来自于基因的加性效应。喻树迅（2003）利用 5 个早熟不早衰×早衰的不完全双列杂交组合，通过加性-显性-上位性遗传模型分析表明，纤维的主体长度、比强度、纤维细度、伸长率以显著或极显著的加性效应为主，其次为显性效应；纤维的主体长度、比强度还有加性×环境互作效应，且方差较大。崔艳利等（2014）采用加性-显性与环境互作遗传模型，根据 NC Ⅱ 遗传交配设计，分析了以 3 个恢复系和 7 个胞质不育材料为亲本的 21 个杂交组合，得出子棉产量和皮棉产量主要受加性、显性、加性×环境互作效应的影响，铃数和衣分主要受加性、加性×环境互作效应的影响，铃重只受加性×环境互作效应的影响，纤维品质性状主要受加性效应的影响。裴小雨等（2015）利用加性-显性与环境互作遗传模型进行了持续高温干旱条件下陆地棉产量性状的遗传效应分析，得出子棉产量、皮棉产量、单株铃数和铃重主要受显性效应影响，衣分受加性、显性效应的影响，子指主要受加性效应影响；农艺性状和产量性状较易受环境条件的影响。

在早熟性状方面，Baker 和 Verhalen（1973）的研究表明，早熟性的显性方差大于加性方差，其基因作用主要是显性效应，并表现为超显性。周有耀（1988）综合分析表明，早熟性的显性效应大于加性效应，控制这一性状遗传的基因作用方式以显性效应为主。Godoy 和 Palomo（1999）报道，在研究的 13 个与早熟性有关的性状中，除现蕾天数、垂直开花间隔天数、铃期和生产率指数外，均有显著的加性遗传效应。李卫华等（2000）的研究结果认为，与早熟性有关的性状如开花期、吐絮期、霜前花率等主要受加性效应控制。范术丽等（2004）的研究结果表明，与早熟性相关的 10 个农艺性状均有显著的加性效应和显性效应，且加性效应大于显性效应；同时，早熟性状有不可忽视的加性、显性效应与环境的互作。艾尼江等（2010）利用数量性状主位点组分析法，估算了来源不同的 6 个陆地棉品种为亲本的试验材料的遗传组分，得到早熟性相关性状的遗传以加性效应为主，蕾期、花铃期主位点加性效应对早熟起主导作用。詹有俊等（2012）利用 5 个特早熟陆地棉品种进行完全双列杂交试验，分析研究表明，早熟性状遗传效应起主要作用，受环境因素影响较小，以加性效应为主，也有显著的显性效应。

（二）棉花主要性状的遗传率

遗传率与棉花育种选择效率紧密相关，是研究数量性状遗传规律的主要遗传参数之一。在棉花育种过程中，一般以狭义遗传率的大小来决定性状选择的世代早晚，狭义遗传率大的宜在早世代选择，而狭义遗传率小的宜在较晚世代选择。狭义遗传率大小被分为三个层次，超过 40% 为高度遗传，宜在早世代选择；20%～

40%为中度遗传，宜在中间世代选择；而小于20%为低度遗传，宜在晚世代选择。

　　在产量和品质性状方面，牛永章（1981）研究了特早熟陆地棉的产量和品质性状，得出各调查性状的广义遗传率的大小顺序为生育期＞衣分＞果枝节间长度＞植株高度＞纤维长度＞子指＞主茎节间长度＞叶片宽＞铃重＞果枝始节＞果枝成铃数＞单株子棉产量＞单株总铃数。周有耀（1988）将国内外研究的遗传率结果整理后发现，不同试验得出的同一性状遗传率变化很大，平均后得出产量、单株铃数、铃重、衣分、衣指和子指的遗传率分别为41.6%、51.2%、55.1%、60.9%、73.3%和63.1%；棉花的产量、单株铃数的遗传率相对较低，而衣分、衣指及子指等性状的遗传率较大。Godoy和Palomo（1999）对早熟陆地棉的产量性状进行了遗传分析，结果表明，皮棉产量具有相对较低的遗传率，而衣分具有较高的遗传率。李卫华等（2000）选取长江和黄河流域棉区5个高产抗病的推广品种，按不完全双列杂交配制F_1组合，自交产生F_2组合；通过陆地棉主要经济性状的基因效应方差分析，表明产量性状中普通狭义遗传、普通广义遗传率最高的均是衣分，其次为皮棉产量，最低的都是单株铃数。范术丽等（2004）利用不完全双列杂交分析了短季棉品种的遗传率表明，衣分、铃重和子指的遗传率较高，在30%～50%；株铃数和衣指的遗传率中等，在20%左右；霜前子棉和霜前皮棉的遗传率较低，小于10%。喻树迅（2003）利用5个早熟不早衰×早衰的不完全双列杂交组合，通过加性-显性-上位性遗传模型分析表明，纤维长度、整齐度、比强度、伸长率和纤维细度的遗传率较高，且显著。高敏等（2009）利用8个陆地棉材料为亲本，采用不完全双列杂交配制组合，估算了棉花纤维品质和产量的遗传率。结果表明，衣分、单铃重、伸长率和比强度有较大的狭义遗传率，依次为53.07%、43.98%、29.96%、23.46%，其中衣分的狭义遗传率最大；整齐度的狭义遗传率最小，为0.1%。这些资料表明，在陆地棉产量性状中衣分的遗传率较高，因此应在早世代进行选择。

　　在早熟性状方面，赵伦一等（1974）对陆地棉的早熟性遗传率做了研究，认为现蕾期和盛花期的遗传率较高，且与子棉产量呈极显著正相关关系；出苗期、现蕾期、开花期、初絮期的遗传率与子棉产量的相关系数依次增加。喻树迅和黄祯茂（1990）对5个短季棉的9个生育性状的遗传分析表明，蕾期遗传率较低，苗期、铃期、全生育期、霜前花率和果枝始节的遗传率较高。

三、棉花主要性状的主基因+多基因混合遗传

　　主基因+多基因的遗传模型属于现代数量遗传学的范畴，它与经典数量遗传学的根本区别是将数量性状遗传的研究重点转向数量性状基因本身。国内外许多学者对棉花主要性状已进行了主基因+多基因遗传的研究。

在产量性状方面，杜雄明等（1999）利用 P_1、P_2、F_1、B_1、B_2 和 F_2 对陆地棉若干产量性状进行了六世代联合分析，结果表明衣分符合 1 个主基因+多基因混合遗传，有较大的主基因和多基因加性效应和显性效应，且有较高的多基因遗传率；铃重和子指也符合 1 个主基因+多基因混合遗传，但以多基因遗传为主；衣分、铃重和子指正反交组合遗传分析结果有较大差异，可能存在母体效应。殷剑美等（2002）选用两个组合的 P_1、P_2、F_1 和 $F_{2:3}$ 对陆地棉产量性状进行了四世代联合分析，结果表明，控制衣分和铃重的主基因可能有 2 个，控制单株铃数和子指的主基因可能有 1 个；两个组合尽管都有一个共同亲本，但各产量性状的最适遗传模型并不一致，说明产量性状的遗传基础非常复杂。张培通等（2006）利用泗棉 3 号和 Carmen 构建的 P_1、P_2、重组自交系及其 P_1、P_2、F_1、B_1、B_2、F_2 两套群体，研究了泗棉 3 号高产性状的遗传规律，结果显示，产量及产量构成因素的最适遗传模型均符合主基因+多基因混合遗传模型，所有性状均存在主基因；各性状在不同环境中的主基因遗传率变化较大，而多基因遗传率在不同环境中变化相对较小。

在纤维品质性状方面，Richmond（1951）报道在通过回交将三元杂种（Beasley，1940）的高强基因渐渗入陆地棉时，小的回交群体也能选出高强材料，表明该高强性状可能由少数主基因控制。Culp 等（1979）根据互交群体中出现理想基因型的频率 2.5%，在优良群体中可以达到 6.7%，而在一般群体中为 1/300，认为相当少的基因控制了比强度，可能少至 1 对主基因控制或 2 对连锁主基因控制。Meredith（1992）报道了其所培育的优良品种 MD51ne 的纤维强度可能由 2 对主基因控制，主基因主要来源于三元杂种。一些间接证据也表明纤维强度仅由少数主基因控制。May 等（1994）获得了具有棕色纤维和较高比强度的 F_4 种质，纤维色泽位点与控制纤维强度的基因紧密连锁，也表明纤维强度由少数主基因控制，主基因同样来源于三元杂种。以上研究似乎表明了三元杂种背景的纤维强度主要由少数主基因控制。袁有禄（2000）根据 5 个亲本纤维强度的不同，配制了 8 个组合[高×低组合：7235×TM-1（正交）、TM-1×7235（反交）和 HS42×TM-1；中高×低组合：PD69×TM-1；低×低组合：MD51×TM-1；高×高组合：7235×HS42；高×中高组合：7235×PD69 和 HS42×PD69]的 P_1、P_2、F_1、BC_1、BC_2 和 F_2 群体（7235×TM-1 组合得到了 $F_{2:3}$ 家系）；利用主基因+多基因混合遗传模型分析了纤维品质性状的遗传特性，结果发现在高×高、高×低、低×低的不同组配方式中，分析的 4 个纤维品质性状有 12 个检测到主基因，表明纤维品质性状主基因存在的普遍性；预测的主基因遗传率没有明显的规律，但总的遗传率以纤维强度、纤维细度、纤维长度的较高，F_2 为 71.8%～80.3%，而纤维整齐度和伸长率的遗传率相对较低，为 56.1%～56.2%；在研究的 5 个纤维品质性状上，高×低组合各世代（BC_1、BC_2、F_2）的遗传率均要高于高×高和低×低组合；大部分组合纤维性状的主基因遗传率和总的遗传率以 $F_{2:3}$ 最大，其次为 F_2，回交世代的主基因遗传率很小。

在早熟性状方面，董娜等（2010）在不同环境下对短季棉的早熟及相关性状进行了主基因+多基因遗传分析，结果表明，在两种环境下，生育期的遗传模型相同且主基因与多基因遗传率分量趋势一致；果枝始节、铃重的最适遗传模型相同，但主基因与多基因分量趋势相反；苗期、蕾期、花铃期和衣分的遗传模型不同，且主基因、多基因的遗传率分量趋势相反。两种环境下，生育期、蕾期和果枝始节高度均以主基因遗传为主。

四、棉花主要性状的 QTL 定位

20 世纪 80 年代以来，以分子标记为手段的 QTL 定位研究，极大地推动了数量性状遗传研究的发展。迄今，国内外研究者已将棉花许多重要性状包括产量、纤维品质、抗病、早熟、生理、形态和育性恢复等上千个基因或 QTL 定位到相应的染色体或连锁群上，标记的目标性状基因数量和质量日益提高。

在产量性状方面，目前共检测到 1000 多个与棉花产量性状相关的 QTL，近一半定位在 Chr.01、Chr.03、Chr.05、Chr.07、Chr.08、Chr.14、Chr.15、Chr.16、Chr.17 和 Chr.22 上，一半以上是衣分、铃重和子指的 QTL，30%左右是子棉、皮棉产量 QTL。所有文献中，利用陆海杂交群体研究产量性状 QTL 的主要有 Jiang 等（1998）、吴茂清等（2003）、于霁雯等（2006）、尤春源等（2007）、李爱国等（2008）、栾明宝等（2008）、李莲（2008）、王沛政等（2008）、张科（2009）、史丽芳（2009）、朱亚娟等（2010）、姚金波等（2010）、梁燕等（2010）、兰孟焦等（2011）、Yu 等（2013，2014）。利用陆陆杂交群体研究产量性状的主要有 Ulloa 等（2000）、易成新等（2001）、武耀廷（2001）、殷剑美等（2002）、沈新莲（2004）、张培通等（2005）、宋美珍（2006）、万群（2007）、杨昶等（2007）、秦鸿德（2007）、李成奇（2007）、张先亮等（2008）、陈利等（2008）、孔广超（2009）、林忠旭等（2009）、秦永生等（2009）、张建等（2010）、姚金波等（2010）、王义青等（2010）、柳宾（2010）、李昆等（2010）、潘兆娥等（2011）、孔凡金等（2011）、贾菲等（2011）、王琳（2011）、张兴居（2011）、张伟等（2011）、倪会娟等（2011）、Liu 等（2012）、Ning 等（2014）、Wang 等（2015）、Zhai 等（2016）、Li 等（2016）。

在纤维品质性状方面，目前共检测到 500 多个与棉花品质性状相关的 QTL，部分 QTL 定位在 Chr.01、Chr.02、Chr.03、Chr.05、Chr.06、Chr.09、Chr.10、Chr.14、Chr.17、Chr.18、Chr.22 和 Chr.24 上，多数为纤维强度、纤维长度和纤维细度 QTL，少数为整齐度、伸长率和黄度 QTL。所有文献中，利用陆海杂交群体研究纤维品质性状 QTL 的主要有 Jiang 等（1998）、Kohel 等（2001）、Paterson 等（2003）、Mei 等（2003）、He 等（2007）、Lacape 等（2010）、杨鑫雷等（2009，2013）、马和欢等（2013）、Yu 等（2013，2014）、王玉晶等（2014）、戎福喜等（2015a）、王志伟等（2015）、张茂启等（2015）；利用陆陆杂交群体研究纤维品质性状 QTL 的主要有 Shappley 等（1998）、Wang 等（2006，2015）、杨昶等（2007）、Qin 等（2008）、林忠旭等（2009）、王义青等（2010）、秦永生等（2009）、张建等（2011）、倪会娟等（2011）、王新坤等（2011）、潘兆娥等（2011）、Ning 等（2014）、聂新辉等（2015）、Zhai 等（2016）、Li 等（2016）。

在其他性状方面，范术丽等（2007）对短季棉的早熟性状进行了 QTL 定位，努斯热提·吾斯曼等（2012）对机采棉进行了主要农艺性状的 QTL 定位，张建（2012）对陆地棉光合性状进行了 QTL 分析，王晓芸等（2012）研究了棉花"三桃"性状的 QTL 定位，董娜等（2013）研究了短季棉的早熟及其相关性状的 QTL，郑巨云等（2014）研究了陆地棉叶绿素和光合速率的 QTL，刘小芳等（2013）利用重组自交系对陆地棉的棉籽油分和蛋白质含量进行了 QTL 定位，戎福喜等（2015b）利用海陆渐渗系进行了棉花吐絮期叶绿素含量、荧光参数及相关性状的 QTL 定位。

五、棉花主要性状间的相关

在棉花育种过程中，影响棉花品种特性的性状很多，对某一性状的选择往往会直接或间接地影响另一性状，即各性状之间可能会相互影响。为了提高选育效率，明确各个性状之间的相互关系非常必要。

产量和品质性状之间的相关。邵艳华等（2008）分析了陆地棉产量和品质性状的相关性，表明纤维长度、强度、整齐度之间呈显著或极显著正相关，这些性状容易聚合利于选育；而纤维长度、强度与衣分呈显著或极显著负相关，产量和品质之间难以聚合选育。王娟等（2011）利用北疆 10 个优质杂交棉进行试验，研究了其农艺性状与产量品质的相关性研究。表明果枝数、株高、单株铃数对产量影响较大，其中果枝数与产量呈显著正相关，农艺性状与品质多呈负相关，株高与产量及品质均呈正相关，从而得出提高杂交棉的产量和品质可以选择适当的株型，如增加果枝数、单株铃数和铃重。宿俊吉等（2011）利用 29 个陆地棉品种进行了主要农艺性状的相关性分析，得出衣分和每亩①株数是影响皮棉产量的主要因素。董承光等（2014）利用北疆早熟棉品种新陆早 42 号与陆地棉遗传标准系 TM-1 获得的 F_2 代，进行了主要育种性状的相关性研究，得出产量性状与纤维品质性状大多呈负相关，株高、单铃重、衣分与皮棉产量呈正相关，生育期与皮棉产量呈负相关但可以通过衣分对其产生较大促进作用。因此，在育种过程中，应在重点

---

① 　1 亩≈666.7m², 下同

考虑某一性状的同时综合考虑其他性状。冯文林等（2015）利用海陆杂交后代进行了农艺与纤维品质性状的相关分析，得出正反交两种情况下，农艺性状与纤维品质性状呈负相关，衣分与纤维长度也呈负相关，影响纤维品质的因素在两种情况下大致相同。

早熟与其他性状之间的相关。Niles 和 White（1985）研究了早熟性状与皮棉产量的相关，结果表明，早熟性状（见花期、见絮期、铃期、平均成熟期）与皮棉产量均呈正相关，总花数和第一、二次收花率与皮棉产量呈负相关。陈仲方等（1991）研究了早熟性状与产量性状的相关，结果表明，早熟物候学特征开花期与皮棉产量和衣分率呈显著正相关，第一次收花率与皮棉产量和衣分率均呈负相关。对早熟性状与纤维品质性状间的相关研究表明，纤维品质性状（2.5%跨长、整齐度、比强度、纤维细度）与早熟物候学性状（见花期、见絮期、平均成熟期）呈正相关（Niles and White，1985），与生育期和铃期也呈正相关（周有耀，1990）。林昕（1983）研究了早熟性状与其他性状间的相关，结果表明，早熟性与纤维强度和断裂长度呈正相关，与农艺性状（株高、主茎节间长度、果枝数、总果节数、第一果枝着生高度、第一果枝着生节位）和经济性状（结铃性、铃重、纤维长度、纤维细度）均呈负相关。喻树迅和黄祯茂（1990）对 5 个短季棉品种的 9 个生育性状的相关分析表明，苗期、蕾期、铃期、果枝始节与全生育期呈显著正相关，与霜前花率呈显著负相关，铃重与霜前花率呈正相关。喻树迅（2003）利用 5 个早熟不早衰×早衰的不完全双列杂交组合，通过加性-显性-上位性遗传模型分析表明，霜前花率与主要纤维性状在遗传和表型上均呈负相关，生育期、始蕾期、始花期和铃期与主要纤维性状几乎全部呈正相关。

第二节　我国棉花育种研究进展

一、我国棉花育种技术的发展与品种的系统更换

（一）我国棉花育种技术的发展

我国最早的棉花育种技术是系统选育，通过"优中选优、多中优选、继代观察、多看精选"改良国外引进的陆地棉品种，进一步提高品种的产量和生态适应性。其次是杂交育种技术，通过多个亲本分阶段复交聚合多个优良性状，或是通过轮回亲本回交导入少数优良性状，或利用杂种后代互交消除不良性状的连锁。20 世纪 80~90 年代，由于我国棉花主产区枯黄萎病日趋严重，棉花抗病育种技术成为新的育种内容。因此，该时期是棉花高产、优质、早熟和抗病等优良性状综合提高的阶段。谭联望和刘正德（1990）通过在枯萎病、黄萎病病圃中筛选，

育成优质丰产抗病棉花新品种——中棉所 12。高永成等（1995）研究了棉花枯萎病抗性的形成规律，提出了棉花枯萎病抗性定向培育原理方法。20 世纪 90 年代以来，以分子标记、转基因技术为代表的育种技术成为主流育种技术。目前，我国棉花育种以高产、优质、抗逆、早熟等为主要改良目标，基本形成了转基因技术、分子标记辅助育种技术、生化标记辅助育种技术与常规育种等多种育种技术相结合的现代高效育种体系。

（二）我国棉花品种的系统更换

棉花由国外传入中国已有两千多年历史，在新中国成立以前，我国长期种植亚洲棉（中棉，*Gossypium arboreum* L.）和非洲棉（草棉，*Gossypium herbaceum* L.），其中亚洲棉在我国种植历史尤其悠久。它们都是二倍体品种，耐旱耐瘠，抗逆性强，但是植株矮小，纤维短，产量低。直到 1865 年，开始从美国引进高产、优质、适于机械纺织的陆地棉，20 世纪初又引进了海岛棉（*Gossypium barbadense* L.）。新中国成立后，我国主要棉区经历了五次大的品种更换。

第一次换种：1950 年我国开始有计划地引入优良棉花品种取代已经混杂退化的品种，并建立了棉花品种管理区域，进行品种区域试验，集中繁育良种，确定良种推广适用区域。至 1956 年，陆地棉良种繁育计划获得成效，优良品种在黄河和长江流域基本普及，取代了原来种植的亚洲棉和退化陆地棉，如引进的岱字棉 15 在我国良种繁育制度下，推广遍及长江、黄河流域各主要棉区，推广时间长达 30 年；在黄河流域推广斯字棉 2B 及 5A；在新疆于 1953～1956 年引种 108 夫和克克 1543 并推广种植。在此期间，又通过系统选育技术从原有品种中选择出产量高，纤维长度好的品种，如长江流域的岱字棉 15 复壮种、洞庭 1 号、沪棉 204 和鄂光棉；黄河流域的徐州 209、徐州 142、徐州 1818、中棉所 2 号、中棉所 3 号等；西北内陆的新海棉、8763 等；特早熟棉区的朝阳 1 号等。

第二次换种：20 世纪 70 年代，通过不同亲本的杂交进行棉花品种改良，我国培育成一批产量明显优于以前通过系统选育方法选育的品种，社会效益和经济效益明显，得到快速推广，如长江流域的泗棉 1 号、泗棉 2 号、鄂沙 28、沪棉 204、徐州 142 等；黄河流域的鲁棉 1 号、徐州 142、邢台 6871、中棉所 5 号、中棉所 7 号等；西北内陆的军棉 1 号；特早熟棉区的黑山 1 号、辽棉 4 号。

第三次换种：1980～1984 年，通过多亲本复合杂交技术培育出综合性状优良的新品种，如黄河流域的中棉所 8 号、鲁棉 1 号、冀棉 8 号、中棉所 10 号等；长江流域的泗棉 2 号、鄂沙 28 等；西北内陆棉区的军棉 1 号、新陆早 1 号，其中军棉 1 号的推广应用时间最长，达 20 年；特早熟棉区的辽棉 8 号、辽棉 9 号等。通过这次换种，我国陆地棉自育品种基本普及。

第四次换种：20 世纪八九十年代，我国棉花枯萎病、黄萎病泛滥成灾，使棉花产量和品质造成极大损失。抗病育种成为继高产、早熟之后的又一育种目标。在这一阶段主要育成了优质、丰产、抗病品种，如长江流域棉区的泗棉 2 号、江苏棉 1 号、盐棉 48 和鄂抗棉 5 号等；黄河流域棉区的中棉所 12、中棉所 16、中棉所 17、中棉所 19 等；特早熟棉区的辽棉 12 号等。

　　第五次换种：20 世纪 90 年代以来，随着现代生物技术飞速发展，转基因技术在植物上得以广泛应用，当时棉花害虫逐渐成为危害棉花生产的主要障碍之一，棉花育种又添新目标——抗虫育种。转基因抗虫棉和抗虫杂交棉成为新一代棉花品种，主要育成的抗虫棉品种有 SGK321、中棉所 29、中棉所 35、中棉所 41、中棉所 45、鲁棉研 15、鲁棉研 16、鲁棉研 21、鲁棉研 22、鲁棉研 28、百棉 1 号、百棉 5 号和百棉 985 等。目前，新的育种技术如分子标记技术、转基因技术、生化标记辅助育种技术结合常规育种技术发展成为多元化现代高效育种体系，为棉花品种的更新换代提供更加有力的支撑。

二、我国棉花育种和生产存在的问题

（一）可利用种质资源遗传多样性低，缺乏优异的育种亲本材料

　　我国栽培的棉花品种主要是通过国外引种后，再进行传统方法选育得到的。这些引进品种最早都来源于墨西哥的一个家系材料，如岱字棉、斯字棉、德字棉、福字棉、金字棉等，遗传基础狭窄，遗传多样性低。另外，在新品种选育过程中，往往选择亲缘关系较近的优良品种作为亲本，致使选育后代的遗传基础越来越单一，这种状况会降低棉花生产对某些未知灾害的抵抗能力，可能导致棉花产业严重受损。这是我国目前棉花育种工作需要解决的重要问题之一。

（二）棉花纤维品质水平不高

　　我国的棉花纤维品质类型较为单一，陷入了"中间大，两头小"的结构性误区。纤维长度在 28～30mm、比强度在 28～30 cN/tex 的棉花品种占了绝大多数，而纤维长度 25mm 左右、比强度在 29cN/tex 左右、纤维细度在 7～8，适用于制作牛仔裤、地毯的短粗高弹纤维特色专用品种，以及纤维长度、比强度在"双30"以上的优质棉品种和纤维长度在 40mm 以上、比强度在 50cN/tex 以上、纤维细度在 3.0～3.5 的特优长绒棉品种却十分缺乏。因此，今后棉花育种应更加适应产业结构需求，加强特色专用棉和优质长绒棉的研发工作。

（三）黄萎病危害仍较严重

　　目前，黄萎病在三大棉区黄河流域、长江流域和西北内陆地区仍然存在，且呈发展态势，但缺乏有效治理措施，也缺乏黄萎病抗性材料。喻树迅和王子胜

（2012）报道，在 2003～2004 年我国棉花黄萎病发生面积均超过 266.7 万 hm²，导致棉花每年大幅减产 40 万～50 万 t，经济损失 60 亿～63 亿元。通过抗病育种，这种情况有所缓解，但目前仍然有常年 15%～20%的减产。

（四）新的虫害不断出现

通过棉花转基因抗虫育种，有效地控制了棉铃虫的危害，同时减少了农药的使用量，降低了对生态环境的不利影响。但是棉田次要害虫逐渐升级变成主要害虫，如盲蝽象、蚜虫、烟粉虱等刺吸式害虫因农药的少施而得以发展，造成棉花减产，农田施药量又重新上升。因此，目前必须加强对抗刺吸式害虫育种材料的研究。美国已经研制出抗盲蝽象转基因棉，而我国尚属空白，这是棉花的抗虫育种工作的新课题。

（五）棉花产量不能满足自身需求

我国人口不断增长，环境不断恶化，可耕地面积不断减少，加上主粮安全和粮棉比价等因素，未来我国的棉花种植面积不会增长。目前，我国的棉花产量不能满足国内需求。据中国棉花信息网（http://www.cottonchina.org/）2017年 2 月发布的中国棉花产销存量表显示，2015～2017 年我国棉花产量平均 464 万 t，总需求量平均 763.5 万 t，有 39%的需求缺口。因此我国应加强对棉花育种的研究，提高棉花单产，增加总产，降低进口依赖，提升我国棉花产业的国际竞争力。

参 考 文 献

艾尼江, 朱新霞, 管荣展, 等. 2010. 棉花生育期的主位点组遗传分析. 中国农业科学, 43（20）: 4140-4148

陈利, 张正圣, 胡美纯, 等. 2008. 陆地棉遗传图谱构建及产量和纤维品质性状 QTL 定位. 作物学报, 34（7）: 1199-1205

陈仲方, 张治伟, 李再云, 等. 1991. 陆地棉早熟性与产量和纤维品质的相关研究. 中国棉花, （5）: 16-17

崔艳利, 郭立平, 邢朝柱, 等. 2014. 棉花三系杂交种不同生态区遗传效应及优势表现. 棉花学报, 26（1）: 1-9

董承光, 王娟, 周小凤, 等. 2014. 北疆早熟棉主要育种目标性状的相关性研究. 西南农业学报, 27（5）: 2255-2257

董娜, 李成奇, 王清连, 等. 2010. 不同生态环境下短季棉早熟及相关性状的混合遗传. 棉花学报, 22（4）: 304-311

董娜, 张新, 王清连, 等. 2013. 短季棉早熟及相关性状的 QTL 定位. 核农学报, 27（10）: 1431-1440

杜雄明, 汪若海, 刘国强, 等. 1999. 棉花纤维相关性状的主基因+多基因混合遗传分析. 棉

花学报，（2）：18-23

范术丽，喻树迅，宋美珍，等．2007．短季棉早熟性的遗传及其环境互作分析．中国棉花学会 2007 年年会论文汇编：184-186

范术丽，喻树迅，张朝军，等．2004．短季棉常用亲本早熟性状的遗传及配合力研究．棉花学报，16（4）：211-215

冯文林，陈全家，曲延英．2015．棉花海陆棉杂交后代农艺与纤维品质性状相关性研究．新疆农业科学，52（3）：393-401

盖钧镒，管荣展，王建康．1999．植物数量性状 QTL 体系检测的遗传试验方法．世界科技与发展，21（1）：34-40

高敏，张根良，杨长彬，等．2009．棉花纤维品质及其产量遗传方差与遗传力估计研究．安徽农学通报，15（17）：90，101

高永成，张云青，曾慕衡，等．1995．棉枯萎抗性形成规律的发现与抗性定向培育法．棉花学报，7（4）：202-205

郭三堆，崔洪志，倪万潮，等．1999．双价抗虫转基因棉花研究．中国农业科学，32（3）：1-7

韩祥铭，刘英欣．2002．陆地棉产量性状的遗传分析．作物学报，28（4）：533-536

贾菲，孙福鼎，李俊文，等．2011．多环境下陆地棉（*Gossypium hirsutum* L.）重组自交系铃重与衣分性状的 QTL 分析．分子植物育种，9（3）：318-326

姜长鉴，莫惠栋．1995．质量-数量性状的遗传分析Ⅳ．极大似然法的应用．作物学报，21（6）：641-648

姜长鉴，徐辰武，惠大丰，等．1995．家系间数量性状主基因效应的分析．作物学报，21（1）：632-636

孔凡金，李俊文，龚举武，等．2011．不同遗传背景下陆地棉衣分和子指性状 QTL 定位．中国农学通报，18：104-109

孔广超．2009．陆地棉 RIL 群体遗传图谱构建及产量与纤维品质 QTL 定位．杭州：浙江大学博士学位论文

兰孟焦，杨泽茂，石玉真，等．2011．陆海 BC_4F_2 和 BC_4F_3 代换系的评价及纤维产量与品质相关 QTL 的检测．中国农业科学，44（15）：3086-3097

李爱国，张保才，李俊文，等．2008．AB-QTL 法定位陆海杂种棉花产量相关性状．分子植物育种，6（3）：504-510

李成奇．2007．棉花衣分等产量性状的遗传、QTL 定位及不同衣分材料纤维初始发育的比较研究．南京：南京农业大学博士学位论文

李成奇，李玉青，王清连，等．2011．不同生态环境下陆地棉生育期及产量性状的遗传研究．华北农学报，26（1）：140-145

李成奇，王清连，张金宝，等．2010．高产陆地棉百棉 1 号产量性状的主基因+多基因遗传分析．河南农业科学，（8）：43-48

李昆，杨代刚，马雄风，等．2010．强优势杂交棉产量性状的 QTL 定位．分子植物育种，8（4）：673-679

李莲．2008．陆海杂种高代回交重组近交系纤维品质、产量、抗病性状的分子标记研究．北京：中国农业科学院硕士学位论文

李卫华，胡新燕，申温文，等．2000．陆地棉主要经济性状的遗传分析．棉花学报，12（2）：

81-84

梁燕，贾玉娟，李爱国，等．2010．棉花 BC_5F_2 代换系的产量及品质相关性状表型分析及 QTL 定位．分子植物育种，8（2）：221-230

林昕．1983．早熟棉花育种中各性状相关关系的研究．中国棉花，（1）：22-23，25

林忠旭，冯常辉，郭小平，等．2009．陆地棉产量、纤维品质相关性状主效 QTL 和上位性互作分析．中国农业科学，42（9）：3036-3047

刘小芳，李俊文，余学科，等．2013．利用重组自交系进行陆地棉（*Gossypium hirsutum* L.）棉籽油分含量和蛋白质含量的 QTL 定位．分子植物育种，11（5）：520-528

柳宾．2010．棉花早熟性、产量和纤维品质性状的遗传分析和 QTL 定位．泰安：山东农业大学硕士学位论文

栾明宝，郭香墨，张永山，等．2008．16 个陆地棉染色体置换系产量与纤维品质性状遗传效应的初步分析．中国农业科学，41（11）：3503-3510

马和欢，王芙蓉，刘国栋，等．2013．陆地棉遗传背景下海岛棉 Chromsome7 片段纤维品质性状的 QTL 定位．山东农业科学，45（10）：7-11

莫惠栋．1993a．质量-数量性状的遗传分析 I．遗传组成和主基因型的鉴别．作物学报，19（1）：1-6

莫惠栋．1993b．质量-数最性状的遗传分析 II．世代平均数与遗传方差．作物学报，19（3）：193-200

倪会娟，王威，张建，等．2011．利用 F_2 及其衍生群体定位陆地棉产量和纤维品质性状 QTLs．西南大学学报（自然科学版），33（6）：7-14

聂新辉，尤春源，鲍健，等．2015．基于关联分析的新陆早棉花品种农艺和纤维品质性状优异等位基因挖掘．中国农业科学，45（15）：2891-2910

牛永章．1981．陆地棉特早熟品种间杂种二代主要性状遗传参数的研究．山西农业科学，（6）：8-12

努斯热提·吾斯曼，喻树迅，范术丽，等．2012．机采棉主要农艺性状相关性分析和 QTL 定位．新疆农业科学，49（5）：791-795

潘家驹．1998．棉花育种学．北京：中国农业出版社

潘兆娥，贾银华，孙君灵，等．2011．大铃棉中棉所 48 主要经济性状的 QTL 定位分析．植物遗传资源学报，12（4）：601-604，611

裴小雨，周晓箭，马雄风，等．2015．持续高温干旱年份陆地棉农艺和产量性状的遗传效应分析．棉花学报，27（2）：126-134

秦鸿德．2007．陆地棉产量与纤维品质性状 QTL 定位和标记辅助轮回选择．南京：南京农业大学博士学位论文

秦永生，叶文雪，刘任重，等．2009．陆地棉纤维品质相关 QTL 定位研究．中国农业科学，42（12）：4145-4154

戎福喜，汤丽魁，唐媛媛，等．2015a．海陆渐渗系棉花主要纤维品质性状的 QTL 定位分析．分子植物育种，13（7）：1509-1516

戎福喜，汤丽魁，唐媛媛，等．2015b．海陆渐渗系棉花吐絮期叶绿素含量、荧光参数及相关性状的 QTL 定位分析．棉花学报，27（5）：417-426

邵艳华，李俊文，唐淑荣，等．2008．陆地棉纤维细度相关性状的遗传及相关性分析．棉花学报，20（4）：289-294

沈新莲. 2004. 陆地棉纤维品质 QTL 的筛选、定位及其应用. 南京：南京农业大学博士学位论文

史丽芳. 2009. 陆海杂交棉枯萎病抗性基因分子标记及部分农艺性状 QTL 定位研究. 乌鲁木齐：新疆农业大学硕士学位论文

宋美珍. 2006. 短季棉早熟不早衰生化遗传机制及 QTL 定位. 北京：中国农业科学院博士学位论文

宿俊吉，邓福军，陈红，等. 2011. 陆地棉主要农艺性状的变异性、聚类和相关性分析. 新疆农业科学，(8)：1386-1391

孙济中，刘金兰，张金发. 1994. 棉花杂种优势的研究与利用. 棉花学报，6 (3)：135-139

孙君灵，杜雄明，周忠丽，等. 2004. 陆地棉不同群体主要性状的遗传率及杂种优势分析. 华北农学报，19 (1)：49-53

谭联望，刘正德. 1990. 中棉所 12 的选育及其种性研究. 中国农业科学，23 (3)：12-19

万群. 2007. 陆地棉遗传连锁图谱构建与衣分 QTL 定位. 重庆：西南大学硕士学位论文

王娟，孔宪辉，刘丽，等. 2011. 北疆优质杂交棉农艺性状与产量品质相关性研究. 中国农学通报，27 (24)：183-186

王琳. 2011. 鲁棉研 15 杂种优势性状及 QTL 定位分析. 北京：中国农业科学院硕士学位论文

王沛政，秦利，苏丽，等. 2008. 新疆陆地棉主栽品种部分产量性状 QTL 的标记与定位. 中国农业科学，41 (10)：2947-2956

王晓芸，李成奇，夏哲，等. 2012. 棉花"三桃"性状的 QTL 定位. 遗传，34 (6)：757-764

王新坤，潘兆娥，孙君灵，等. 2011. 陆地棉矮秆突变体株高和纤维品质的 QTL 定位及相关性研究. 核农学报，25 (3)：448-455

王义青，李俊文，石玉真，等. 2010. 陆地棉高品质品系纤维品质性状 QTL 的分子标记及定位. 棉花学报，22 (6)：533-538

王玉晶，杨洋，胡文冉，等. 2014. 棉花种间 SSR 标记遗传图谱的构建. 新疆农业科学，(10)：1765-1771

王志伟，魏利民，薛薇，等. 2015. 棉花遗传图谱构建及纤维品质性状的 QTLs 定位. 贵州农业科学，43 (2)：10-13

吴茂清，张献龙，聂以春，等. 2003. 四倍体栽培棉种产量和纤维品质性状的 QTL 定位(英文). 遗传学报，30 (5)：443-452

武耀廷. 2001. 棉花产量性状杂种优势的遗传基础研究. 南京：南京农业大学博士论文

杨昶，郭旺珍，张天真. 2007. 陆地棉抗黄萎病、纤维品质和产量等农艺性状的 QTL 定位. 分子植物育种，5 (6)：797-805

杨鑫雷，王志伟，张桂寅，等. 2009. 棉花分子遗传图谱构建和纤维品质性状 QTL 分析. 作物学报，35 (12)：2159-2166

杨鑫雷，周晓栋，王省芬，等. 2013. 棉花纤维品质性状 QTL 的元分析. 棉花学报，25 (6)：503-509

姚金波，张永山，陈伟，等. 2010. 利用置换系检测棉花第 22 染色体短臂的产量相关性状 QTLs. 棉花学报，22 (6)：521-526

易成新，张天真，郭旺珍. 2001. 陆地棉衣分 QTL 的形态和 RAPD 分子标记筛选. 作物学报，(6)：781-786

殷剑美，武耀廷，张天真，等. 2002. 陆地棉产量性状 QTLs 的分子标记及定位. 生物工程学

报, 18（3）：162-166

尤春源, 陈全家, 曲延英, 等. 2007. 陆海杂交群体的构建及评价. 新疆农业大学学报, 30（4）：68-71

于霁雯, 喻树迅, 王武, 等. 2006. 应用 RAPD 对短季棉品种遗传多样性的初步评价. 棉花学报, 18（3）：186-189

喻树迅. 2003. 我国短季棉遗传改良成效评价及其早熟不早衰的生化遗传机制研究. 咸阳：西北农林科技大学博士学位论文

喻树迅, 黄祯茂. 1990. 短季棉品种早熟性构成因素的遗传分析. 中国农业科学, 23（6）：48-54

喻树迅, 王子胜. 2012. 中国棉花科技未来发展战略构想. 沈阳农业大学学报（社会科学版）, 14（1）：3-10

袁有禄. 2000. 棉花优质纤维特性的遗传及分子标记研究. 南京：南京农业大学博士学位论文

詹有俊, 杨涛, 孙建船, 等. 2012. 特早熟陆地棉的遗传效应及杂种优势分析. 农业现代化研究,（4）：493-497

张建. 2012. 陆地棉遗传图谱标记加密与衣分、光合性状 QTL 定位. 重庆：西南大学博士学位论文

张建, 陈笑, 张轲, 等. 2010. 利用复合杂交群体定位陆地棉产量性状 QTL. 农业生物技术学报, 18（3）：476-481

张建, 马靖, 陈笑, 等. 2011. 利用复合杂交群体定位陆地棉纤维品质性状 QTL. 农业生物技术学报,（2）：230-235

张科. 2009. 陆海杂交高代回交重组近交系纤维品质和产量分子标记研究. 武汉：华中农业大学硕士学位论文

张茂启, 陈全家, 苏秀娟, 等. 2015. 5 个纤维品质性状在棉花海陆杂交群体中的 QTL 定位研究. 西北农业学报,（11）：64-71

张培通, 朱协飞, 郭旺珍, 等. 2005. 陆地棉衣分及相关性状的遗传和 QTL 分子标记. 江苏农业学报, 21（4）：264-271

张培通, 朱协飞, 郭旺珍, 等. 2006. 高产棉花品种泗棉 3 号产量及其产量构成因素的遗传分析. 作物学报, 32（7）：1011-1017

张伟, 刘方, 黎绍惠, 等. 2011. 陆地棉重组近交系产量及其构成因素的 QTL 分析. 作物学报, 37（3）：433-442

张先亮, 王坤波, 宋国立, 等. 2008. 陆地棉重组近交系"中 G6"QTL 的初步定位. 棉花学报, 20（3）：192-197

张兴居. 2011. 棉花新种质鲁 HB22 黄萎病抗性、产量和纤维品质的分子标记. 泰安：山东农业大学硕士学位论文

章元明. 2006. 作物 QTL 定位方法研究进展. 科学通报, 51（19）：2223-2231

赵伦一, 陈舜文, 徐世安. 1974. 陆地棉早熟性的指示性状的遗传率估计. 遗传学报,（1）：107-116

郑巨云, 龚照龙, 王俊铎, 等. 2014. 新疆陆地棉遗传连锁图谱构建及叶绿素含量和光合速率的 QTL 定位. 新疆农业科学, 51（9）：1577-1582

周有耀. 1988. 陆地棉产量及纤维品质性状的遗传分析. 北京农业大学学报, 14（2）：135-141

周有耀. 1990. 棉花早熟性与纤维品质性状关系的研究. 中国棉花,（5）：13-14

朱军. 1999. 运用混合线性模型定位复杂数量性状基因的方法. 浙江大学学报, 33 (3): 327-335

朱亚娟, 王鹏, 郭旺珍, 等. 2010. 利用海岛棉染色体片段导入系定位衣分和子指 QTL. 作物学报, 36 (8): 1318-1323

Baker JL, Verhalen LM. 1973. The inheritance of several agronomic and fiber properties among selected lines of upland cotton, *Gossypium hirsutum* L. Crop Science, 13(4): 444-450

Beasley J. 1940. The origin of the American tetraploid *Gossypium* species. Am Nat, 74(752): 285-286

Cockerham CC. 1980. Random and fixed effects in plant genetics. Theor Appl Genet, 56(3): 119-131

Culp TW, Harrell DC, Kerr T. 1979. Some genetic implications in the transfer of high fiber strength genes to upland cotton. Crop Sci, 19(4): 481-484

Fisher RA. 1918. The correlations between relatives on the supposition of Mendelian inheritance. Trans Roy Soc Edinb, 52: 399-433

Fisher RA, Immer FR, Tedin O. 1932. The genetical interpretation of statistics of the third degree in the study of quantitative inheritance. Genetics, 17(2): 107-124

Godoy AS, Palomo GA. 1999. Genetic analysis of earliness in upland cotton (*Gossypium hirsutum* L.). II. Yield and lint percentage. Euphytica, 105(2): 161-166

Haldane JBS. 1932. The Causes of Evolution. NY and London: Harper

Hartley HD, Rao JNK. 1967. Maximum-likelihood estimation for the mixed analysis of variance model. Biometrika, 54(1): 93-108

He DH, Lin ZX, Zhang XL, et al. 2007. QTL mapping for economic traits based on a dense genetic map of cotton with PCR-based markers using the interspecific cross of *Gossypium hirsutum × Gossypium barbadense*. Euphytica, 153(1): 181-197

Jiang CX, Wright RJ, El-Zik KM, et al. 1998. Polyploid formation created unique convenues for response to selection in *Gossypium* (cotton). Proc Natl Acad Sci, 95(8): 4419-4424

Kao CH, Zeng ZB, Teasdale RD. 1999. Multiple interval mapping for quantitative trait loci. Genetics, 152(3): 1203-1216

Kohel RJ, Yu J, Park YH, et al. 2001. Molecular mapping and characterization of traits controlling fiber quality in cotton. Euphytica, 121(2): 163-172

Lacape JM, Llewellyn D, Jacobs J, et al. 2010. Meta-analysis of cotton fiber quality QTLs across diverse environments in a *Gossypium hirsutum × G. barbadense* RIL population. BMC Plant Biol, 10(1): 132

Lander ES, Botstein D. 1989. Mapping Mendelian factors underlying quantitative traits using RFLP linkage maps. Genetics, 121(1): 185-199

Li C, Dong Y, Zhao T, et al. 2016. Genome-wide SNP linkage mapping and QTL analysis for fiber quality and yield traits in the upland cotton recombinant inbred lines population. Front Plant Sci, 7: 1356

Liu R, Wang B, Guo W, et al. 2012. Quantitative trait loci mapping for yield and its components by using two immortalized populations of a heterotic hybrid in *Gossypium hirsutum* L. Mol Breeding, 29(2): 297-311

Mackay I, Powel W. 2007. Methods for linkage disequilibrium mapping in crops. Trends Plant Sci, 12(2): 57-63

Mather K. 1971. Biometrical Genetics. London: Methuen

May OL, Green CC, Roach SH, et al. 1994. Registration of PD93001、PD93002、PD93003、and PD93004 Germplasm lines of upland cotton with brown lint and high fiber quality. Crop Sci, 34(2): 542

Mei M, Syed NH, Gao W, et al. 2003. Genetic mapping and QTL analysis of fiber-related traits in cotton (*Gossypium*). Theor Appl Genet, 108(2): 280-291

Meng L, Li H, Zhang L, et al. 2015. QTL IciMapping: Integrated software for genetic linkage map construction and quantitative trait locus mapping in biparental populations. Crop J, (3): 269-283

Meredith WR. 1992. Cotton breeding for fiber strength. In proceedings from cotton fiber cellulose: structure、function、and utilization conference. Memphis, TN. NCCA: 289-302

Niles GA, White TG. 1985. Genetic analysis of earliness in upland cotton. II. Yield and fiber properties. Proceeding Beltwide Cotton Produetion Researeh Conferenees: 61-63

Ning Z, Chen H, Mei H, et al. 2014. Molecular tagging of QTLs for fiber quality and yield in the upland cotton cultivar Acala-Prema. Euphytica, 195(1): 143-156

Paterson AH, Saranga Y, Menz M, et al. 2003. QTL analysis of genotype×environment interactions affecting cotton fiber quality. Theor Appl Genet, 106(3): 384-396

Patterson HD, Thompson R. 1971. Recovery of inter-block information when block sizes are unequal. Biometrika, 58(3): 545-554

Qin HD, Guo WZ, Zhang YM, et al. 2008. QTL mapping of yield and fiber traits based on a four-way cross population in *Gossypium hirsutum* L. Theor Appl Genet, 117(6): 883-894

Richmond TR. 1951. Procedures and methods of cotton breeding with special reference to American cultivated species. Adv Genet, 4(4): 213-245

Shappley ZW, Jenkins JN, Meredith WR, et al. 1998. An RFLP linkage map of upland cotton, *Gossypium hirsutum* L. Theor Appl Genet, 97(5): 756-761

Ulloa M, Cantrell RG, Percy RG. 2000. TL analysis of stomatal conductance and relationship to lint yield in an interspecific cotton. Cotton Sci, 4(1): 10-18

Wang C, Ulloa M, Roberts PA. 2006. Identification and mapping of microsatellite markers linked to a root-knot nematode resistance gene (*rkn1*)in Acala NemX cotton (*Gossypium hirsutum* L.). Theor Appl Genet, 112(4): 770-777

Wang H, Huang C, Guo H, et al. 2015. QTL mapping for fiber and yield traits in upland cotton under multiple environments. Plos One, 10(6): e0130742

Wright S. 1931. Evolution in Mendelian populations. Genetics, 16(2): 97-159

Wright S. 1935. The analysis of variance and the correlations between relatives with respect to deviation from an optimum. J Genet, 30(2): 243-256

Yu J, Zhang K, Li S, et al. 2013. Mapping quantitative trait loci for lint yield and fiber quality across environments in a *Gossypium hirsutum*×*Gossypium barbadense* backcross inbred line population. Theor Appl Genet, 126(1): 275-287

Yu JZ, Ulloa M, Hoffman SM, et al. 2014. Mapping genomic loci for cotton plant architecture, yield components, and fiber properties in an interspecific (*Gossypium hirsutum* L. ×*G. barbadense*

L.)RIL population. Mol Genet Genomics, 289(6): 1347-1367

Zeng ZB. 1994. Precision mapping of quantitative trait loci. Genetics, 136(4): 1457-1468

Zhai H, Gong W, Tan Y, et al. 2016. Identification of chromosome segment substitution lines of *Gossypium barbadense* introgressed in *G. hirsutum* and quantitative trait locus mapping for fiber quality and yield traits. Plos One, 11(9): e0159101

第二章 棉花株型研究进展

第一节 棉花株型的含义及特点

一、棉花株型的含义

(一) 株型

株型是作物的形态特征及空间排列方式，是作物适应所处环境而表现的形态结构。Boysen-Jenson（1933）、Heath 和 Gregory（1938）最早提出"株型"的概念，认为株型会影响物质的生产量，其中叶片的姿态和数量是决定物质生长差异的重要因素；当叶面积指数较大时，直立叶片在均匀受光方面具有明显的优越性。Donald（1968）首先定义了"理想株型（ideotype）"，他认为利于植物光合作用和生长发育，促使提高籽粒产量的各性状所组成的理想株型，能最大限度地提高群体光能利用率、增加生物学产量、提高经济系数；提出最小竞争理论，即在农作中个体最小竞争强度的理想株型，不仅能够充分利用自己有限的环境，而且还不侵占邻株的环境。第一次绿色革命即通过降低水稻和小麦的株高，使之适应抗倒伏和密植，提高了群体经济系数。作为植物空间生长状况，株型是重要的、综合的农艺性状，与作物生产密切相关，它包括个体和群体两个水平。在特定的自然条件下，植株个体发育与群体结构相协调，合理的个体株型与群体结构是植株获得较高生物学产量的重要前提。

(二) 棉花株型

棉花株型是根据果枝和叶枝的分布情况及果枝的长短而形成的，主要性状包括株高、叶型及大小、果枝类型、果枝节间、果枝夹角和铃型等。一般分为塔型（下部较大而上部较少）、倒塔型（下部较小而上部略大）、筒型（上、下部大体一致）和丛生型（下部很大而上部很小）。多数陆地棉品种的株型是塔型。

株高是棉花株型的重要性状，在一定程度上反映植株生长能力，决定作物种植密度，与棉花种植区域、生产条件密切相关，对群体生物学产量、协调收获指数起重要作用。研究认为，棉株的高低对单株生产力影响较大，但是株高与群体产量无相关性（华国雄和易福华，2001）。

叶片是植物进行光合作用的器官。叶型是指棉株叶片生长与空间的排布状态，叶与主茎的夹角在一定程度决定叶面积指数，影响作物的种植密度和光合作用。棉花叶型根据叶片性状分为正常叶、鸡脚叶和超鸡脚叶。范君华和刘明（2006）

研究了鸡脚叶、超鸡脚叶和正常叶三种叶型的零式果枝海岛棉的光合能力，结果表明，鸡脚叶和超鸡脚叶的叶绿素含量均高于正常叶，因此光能利用率高，但海岛棉最终的产量还与海岛棉生长的群体结构、叶面积指数及光合产物运输、贮存等过程有密切联系。

果枝决定了棉株的形态建成。《中国棉花栽培学》1983 年最早把棉花果枝类型分为零式果枝、一式果枝和二式果枝。又有学者根据果枝特性，将果枝分为零式果枝、有限果枝和无限果枝。杜雄明（1996）为了统一化，提出把果枝分为 0、Ⅰ、Ⅱ、Ⅲ和Ⅳ五种类型。0 型，仅有一个果节；Ⅰ型，果节间距小于 5cm；Ⅱ型，果节间距 5~10cm；Ⅲ型，果节间距 10~15cm；Ⅳ型，果节间距大于 15cm。生产上的陆地棉果枝大多属于Ⅱ、Ⅲ型，新疆棉区分布有 0 型。杜雄明等（1997）研究了陆地棉不同果枝类型若干性状对纤维品质的影响，并指出Ⅱ型果枝棉花的衣分较高，其他类型均较低；纤维长度优劣依次为Ⅲ、Ⅱ、Ⅰ、0。果枝夹角影响棉花群体的通风透光。果枝夹角小，植株纵横比值较大，有利于改善行间的透光条件，适合密植（朱绍琳和李秀章，1980）。

二、我国主要棉区株型特点

棉花在长期的栽培过程中，经过人工选择，逐渐适应栽培地区的不同生态条件，产量品质逐渐提高，并形成形态各异的株型类型。我国三大棉区气候特点变化大，应用品种和种植技术特点差别也很大。热量资源相对紧缺的地区，棉株个体较小，生长慢；热量资源丰富的地区，棉株高，个体生长旺盛。

（一）黄河流域棉区

黄河流域棉区位于秦岭淮河以北，长城以南，包括河北中南部、山东、河南中北部、晋南、关中、陇南、苏皖的淮北地区、北京、天津，其中以黄淮海平原棉花种植最集中。该区热量充足，无霜期适宜，日照好于长江流域棉区，但是，初夏多旱，伏雨较集中，且降水频率大，易导致花铃脱落，此问题在生产上不易解决。此外，黄河流域棉区气象要素的时空分布不均，降水的稳定性差，旱、涝、风、冻、雹等自然灾害频繁发生，这些因素均会对棉花的产量和品质产生不利影响。该区常规棉 3000~3500 株/亩，杂交棉 2500~3000 株/亩。以优质丰产多抗棉花品种百棉 1 号为例，株高一般为 100cm，植株较松散，叶片中等偏大、缺刻偏浅、茎秆粗壮抗倒伏，果枝上举，株型清秀，通风透光好，有效果枝数多（王清连，2004）。

（二）长江流域棉区

　　长江流域棉区位于秦岭淮河以南至南岭，西起川西高原东麓，东到海滨。包括浙江、上海、江西、湖南、湖北及苏皖的淮河以南部分、四川盆地、河南南部。该区光照充足、热量丰富、水热同步，能满足棉花生产的水热需要，但是由于春末夏初有梅雨、秋季会出现连阴雨，所以日照时数少，会导致棉花吐絮不畅、烂铃，不利于棉苗生长。此外，夏季的高温、高湿还会引起较多的病虫害，往往影响棉花品级。该区一般为一年两熟或棉麦套种，适宜栽植中熟陆地棉，棉花的病害严重。杂交棉品种株型松散、个体生长旺盛，棉株高大，一般可达120cm或更高，叶枝多，成熟期延迟，秋桃比例大。栽培上采用稀植大棵、充分发挥单株个体优势。株高对棉花的早熟性和烂铃率有较大影响，应该合理控制株高，促使集中结铃，防止棉株倒伏，提高收花效率。陈德华等（2003）研究高产棉泗棉3号的株型表明，长江下游棉区株型特点为：主茎和果枝节间保持适宜的长度，果枝数较多，达18~20台，节枝比达5~6；果枝粗度特别是上部和中部外围的果枝粗度增加；中上部果枝向值增大。

（三）西北内陆棉区

　　西北内陆棉区主要包括新疆维吾尔自治区和甘肃省的河西走廊地区。该区具有发展棉花产业的生态资源优势，气候干燥、光照充足、热量丰富，极有利于形成棉絮洁白、富光泽的优质棉花，雪山面积大、灌溉水资源丰富，四季干燥、冬季严寒的气候使棉田的病虫害种类较少；同时，由于种植结构较为单一，也减少了棉铃虫的栖息场所，所以棉铃虫为害程度轻。目前作为我国最大的产棉区和最大的优质棉生产基地，也是我国唯一的长绒棉产区，棉花生产具备得天独厚的气候条件。该区生产上通过提高群体生物学产量，增大经济系数提高单产。新疆面积较大，导致各地气候不一，南疆棉区热量资源较丰富，棉花栽培密度为1.2万~1.6万株/亩，株高60~65cm，株型紧凑；北疆棉区热量资源较差，栽培密度为1.5万~2.0万株/亩，株高60~65cm，株型紧凑或极紧凑。另外，新疆有长绒棉种植，其果枝以零式为主。

三、机采棉株型特点

　　机械化程度的高低是衡量一个国家农业生产力发展水平的标杆（肖松华等，2010）。我国传统的棉花生产机械化水平低，人工采摘是我国传统的棉作模式，机械采摘是随着科学技术的发展产生的现代化农业新技术，可以降低棉花的生产劳动强度和生产成本，提高植棉效益。机械化植棉是棉花生产发展的必然趋势，培育机采棉成为新的工作重点。塑造适合机采的棉花理想株型，配合不同类型的棉花栽培技术和不同的机械化工艺措施，可以实现棉花的简化高效生产。目前，我国有关机采棉研究报道较少，缺乏适合的机采棉品种是重要因素之一，如新疆部分地区虽然实现了机械化采收，但仍通过化学调控塑造理想株型，品种本身存在着一些缺陷，如株型松散、第一果枝太低、吐絮不集中等。肖松华等（2010）研究了长江中下游机采棉的理想株型结构，提出该地区的理想机采棉品种特征是，自然株高75cm，果枝始节8节以上，第一果枝离地面高度20cm以上，下部果枝节间平均长度（8.7±0.8）cm，中部果枝节间平均长度（6.0±0.6）cm，上部果枝节间长度（5.5±0.3）cm。李春平等（2014）认为在棉花生产实践中，略松散的棉花品种也适宜机采，且采收效果与紧凑型品种基本无差异；在棉花机械采收方式下，低密度凸显其优势，喷施落叶剂后，落叶效果好，含杂率低，利于提高棉花品级；密度降低，需要选育个体发育好、单株结铃性强的株型。

第二节　棉花株型栽培研究进展

一、棉花株型栽培的概念

所谓棉花株型栽培，即在特定的自然气候条件下，通过一系列人工措施，主动而又预见性地控制棉花个体发育，培植理想株型，来协调棉花生育与气候、个体与群体、营养生长与生殖生长的关系，促使棉株内围1、2果节多结优质铃，从而达到早熟与优质高产的目的（谈春松，1993）。

二、棉花株型栽培进展

棉花具有无限生长习性，其株型可因品种和栽培条件的不同而呈现显著差异。采用以化学调控为主，蹲苗、整枝、肥水管理和耕作促控等为辅的多种栽培措施，能有效调节棉花株型，提高作物对光能利用效率，协调作物性状间的关系，达到优质、高产、高效的目的。研究表明，使用植物生长调节剂"缩节胺"，能够实现棉花的全生育期化调，也是目前新疆棉花栽培的核心技术。使用缩节胺后株型发生明显变化：株高、果枝节间和主茎节间受到一定程度的控制，株型紧凑，株高从80～100cm下降到60～65cm，对于热量资源相对不足的棉区如北疆，采用化调栽培技术，可以获得适应当地生态气候和栽培条件的理想株型。

李爱莲和蔡以纯（1990）研究了棉花部分株型组成性状（株高、果枝数、果节数和第一果枝高度）对产量的影响，结果表明，其中果枝数和果节数能通过提高成铃率进而提高亩铃数，最后对产量产生较大的正向效应，因此要提高成铃率、增加亩铃数，应避免群体密度过大，保证棉株有一定的生长空间，果枝能正常向外伸展。谈春松（1993）立足于河南地区，以 10 年的试验资料为依据，论述了棉花株型栽培的要点，一是要根据熟制、种植方式，选用相应品种；二是选定合理的密度、株型、果枝数和果节数，保证棉株内围铃均在优质铃开花期内开花；三是满足肥水供应，配合化控等其他措施塑造合理株型，达到优质高产。李蒙春（1994）研究了新疆地区新陆早 1 号的群体株型综合指标及控制，指出株高与密度呈显著负相关；主茎日增长量对环境条件和内部营养反应敏感，可以作为衡量棉花长势是否稳健的重要指标，主茎日增长量在开花期达最大值，即 1～1.5cm；叶龄可以准确反映棉花生长发育所处的阶段，叶龄与主茎伸长、果枝发生和花芽分化有一定的同步关系；1～9 果枝棉铃随着果枝序位上升，开花期逐渐推迟，果枝数和果节数是实现高产的主要指标。南殿杰等（1995）研究了山东、江苏和山西三个地区的棉花株型栽培增产技术，指出单株株型与群体密度具有互作、互促、互控的复杂关系；当植株矮化 30%左右，群体密度可以提高 20%以上；群体密度与水热资源呈负相关，与株型及管理水平呈正相关；只有株型栽培的群体密度与当地气候相适应时，才能达到优质高产。李瑞生等（2007）开展了对棉花双株型的栽培研究，即利用常规株型和开心株型相间栽培，认为双株型栽培极大地改善了群体光、温、气条件，充分发挥了边行优势，协调了高密度和有效铃的关系，减少了蕾铃脱落，明显地提高了产量。宿俊吉等（2010）以 2 个不同基因型陆地棉品系为材料，研究了垄作和平作两种覆膜栽培模式对株型性状的影响，试验证明垄作覆膜株高、单株铃数和产量显著优于平作覆膜，果枝始节和单铃重差异不明显。周桂生等（2011）以高品质棉品系 FZ-1 为试验材料，研究了化控对棉花株型和产量的影响，结果表明缩节胺化控对株高、果枝数、果枝长度和果枝节间长度起抑制作用，而对果枝粗度起促进作用；钾肥能够促进果枝长度、节枝比和果枝节间粗度。杜明伟等（2012）研究了长江中下游棉太金对棉花株型性状的调控，结果表明，棉花产量的提高需要适当缩短主茎节间和果枝长度，构建合理冠层，而棉太金能有效控制徒长，降低株高，缩短果枝长度。

第三节　棉花株型育种研究进展

一、棉花株型育种的概念

棉花株型育种即要求棉花的株型最大限度地协调个体内部及个体与群体的营养分配和通风透光关系，其实质就是棉花的高光效育种。20 世纪 70 年代以来，我国许多学者对棉花高光效株型育种提出过设想。归纳起来：①单株个体能充分利用纵向空间；②个体与群体协调合理；③主茎节间长，果枝上举角度小；④叶片大小适中，叶色浓绿，叶绿素含量高，叶功能时间长，叶层间隙大。

二、棉花理想株型塑造

（一）棉花理想株型的内涵

理想株型可以提高叶面积指数，改良光合效率，提高作物耐肥性，增加收获指数。杜宏彬等（2011）认为栽培植物株型选择属于植物育种范畴，植物株型塑造是对株型选择的补充，二者不可或缺。其共同宗旨是创造植物理想株型，增加群体冠层表面积，获得最多的最终产物。小麦和水稻育种家早已将注意力集中到与产量因素有关的株型和生理性状的改良上，并进行了矮化育种，使产量获得大幅度提高（凌启鸿等，1989；谈松，1990；苏祖芳等，2003）。

朱绍琳和李秀章（1980）对棉花株型与光合效率及产量的关系进行了研究，指出果枝角度（65°左右）较小、主茎节距较长、叶片层次较清晰的品系群体透光性好、结铃性强、内围铃多、成熟早，在密植和稀植条件下，产量均高于果枝角度大的品系，特别是在密植条件下，表现显著增产。陈付贵和黄树梅（1993）研究了棉花理想株型经济性状时空分布的数学模型，认为高产棉株理想的成铃分布，从纵向来看，下部果枝高于中部，中部高于上部；从横向来看，第一果节平均成铃率56.25%（最高），第二果节40.67%（次之），第三、第四果节成铃率递降，规律非常明显，要夺取棉花优质高产，应狠抓内围桃，争取1~2果节成铃率达到80%~90%。李新裕等（1998）研究了新疆地区的丰产株型，认为塑造合理株型，应在早发、稳长、壮苗上下工夫；茎粗、株高与单株成铃密切相关，茎粗则疏导和贮藏养分能力强，株高则可改善透光条件。陈立昶等（1998）认为泗棉3号塑造了矮秆理想株型，其株型疏朗，层次清晰，棉田内部和棉株内部有良好的通透性，增加了气体交流，利于加速光合作用，积累光合产物。纪从亮等（2000）以高产泗棉3号为代表，研究了高产株型的形成特点，指出高产株型有适当的高度，主茎及果枝节间长度分布均匀，第一果节间较长，横向生长势弱；果枝与主茎夹角由下向上呈逐渐变小趋势，植株为塔型，叶片较小，且与水平面夹角大，平均为43.5°（对照苏棉5号为33.6°），叶层分布均匀，株型疏朗，消光系数小，光合效率高。

（二）塑造棉花理想株型的途径

塑造理想株型是棉花株型育种的主要内容，塑造棉花理想株型主要有以下几种途径。

1. 单株选择

单株选择是棉花育种的重要环节，应着重选择株型疏朗、通风透光好，株高、叶型、果枝类型等适宜的类型，还要兼顾其他性状的影响。一般认为，Ⅲ型果枝品种纤维强度高、细度好，但晚熟，霜前皮棉产量低；0 型果枝品种早熟性好、丰产，但纤维强度偏低；Ⅱ型果枝品种早熟性、丰产性及品质介于Ⅲ型和 0 型。杜雄明等（1997）研究了陆地棉不同果枝类型品种的若干性状，指出果枝类型受主基因 Ss 控制，同时还受另外 3 个独立遗传的修饰基因控制，符合主基因+多基因混合遗传模型，通过不同果枝类型的品种杂交，结合后代选择，可以培育出早熟、丰产、优质的品种。随着分子标记技术的发展，利用与目标性状紧密连锁的分子标记进行个体辅助选择，将会事半功倍。

2. 转基因

Xue 等（2008）研究指出，水稻中 Ghd7 基因的增强表达能够延迟抽穗期，增加株高和穗长，使生态适应性增强、产量增加。刘海静等（2014）对玉米株型相关基因 ZmDwarf4 进行了克隆及表达分析，该基因正向调控玉米叶夹角大小，在叶片中的表达量最高；参与玉米 BR 生物合成途径，进而调控其相关株型建成。Wang 等（2006）认为植物株型相关性状的遗传发育调控非常保守，借鉴已研究植物的信息，基于基因同源性，克隆控制棉花株型发育的相关基因，研究这些基因的调控机制，通过转基因手段改良棉花株型性状。

3. 杂种优势利用

杂种优势能够提高植株生活力，增加生物量。通过杂种优势利用，结合株型选择和简化栽培，能够同步实现增收节支，提高经济效益。杨守仁（1987）提出了理想株型和杂种优势利用相结合的育种策略。通过杂种优势优化农艺性状、塑造棉花理想株型，以及创新适应机械化操作、省工简化的栽培模式，为棉花增产和增收提供技术支撑，是棉花育种工作的重要内容之一。

三、棉花株型育种典型实例

泗棉 3 号是 20 世纪 90 年代江苏省泗阳棉花原种场育成的棉花新品种，是长江流域推广面积最大、应用范围最广的品种，总推广面积达 1 亿亩，曾为全国长江流域棉花品种区域试验的标准对照品种和长江流域各省棉花区域试验的对照品种，是我国棉花常规品种培育的成功典范。泗棉 3 号选育的关键技术是，注重理想株型的塑造，协调综合丰产性，注重丰富遗传基础与加强高世代连续选择。泗棉 3 号理想株型的塑造主要在以下三个转变上做文章（陈立昶等，1998）。

一是叶片从宽叶水平型向中叶倾直型转变。泗棉 3 号的叶片是在岱字棉的基础上，从宽叶水平型向中叶倾直型转变。泗棉 3 号叶片较窄，具有叶片中等大小、叶面折叠明显、叶裂片缺刻深、向光性强、叶姿挺的特点。在正常生产条件下，

最大叶片叶面积 $100cm^2$ 左右，比岱字棉 15 小 $20cm^2$。冠层叶片叶角（与水平面的夹角）为 $5°\sim79°$，其中大于 $40°$ 的叶角总数在 67% 以上。叶片上倾挺立，冠层透光性好，有利于改善中下部叶片及结实器官的受光条件，适宜叶面积指数较高，高产栽培在不同生长阶段，适宜叶面积指数一般在 $3.5\sim4.5$，并且群体内叶层分布比较均匀。

二是果枝由平伸型向上仰型转变。泗棉 3 号果枝生长具有明显的向光性与上仰性，中下部果枝可随着行株距的变化而自行调整着生的角度，与主茎角度在 $30°\sim60°$。前中期利于推迟与减轻封行，改善中下部叶层及器官的受光条件。泗棉 3 号冠层果枝与水平面的着生角度在 $27.6°\sim35°$，比岱字棉 15 大 $5.8°\sim10.20°$，果枝直立性好，有利于提高光合强度。据测定，冠层果枝着生角度与群体光合强度呈极显著正相关（$r=0.9307$）。

三是株型由紧凑型向疏朗型转变。以往棉花育种一直强调株型紧凑，似乎对增加密度有利，即主茎与果枝节间均较短，但节间短会造成棉株内部通透性下降。泗棉 3 号的果枝节间匀称，叶片配置合理，层次清晰。因而不但棉田株间而且棉株内部都有良好的通透性。这有利于增加棉田内部及其棉株内部的气体交流，加速光合作用的进行与光合产物的积累。

综上所述，泗棉 3 号棉株形态的三个转变，在空间分布上，形成协调的群体结构，光照在棉田内部分布均匀；在时序上，前中期棉田下封上不封呈峰谷形，中后期外围果节成铃负荷加大，因内围果节长，果枝粗细适中，弹性好，自然弯曲下垂，同主茎夹角逐渐增大，自下而上逐层封行，呈波浪形。不同生长阶段的棉田群体形成一个立体状动态式光合结构，不仅提高群体光能利用率，还有效地改善了均匀分布在棉株不同部位的结实器官生长发育所需的光照条件，达到了光能利用率高、单位叶面积负载力高、经济效益高的"三高"目的。

参 考 文 献

陈德华，陈秀良，顾万荣，等. 2003. 高产条件下泗棉 3 号棉铃增重与株型关系的研究. 扬州大学学报，24（4）：71-74，89

陈付贵，黄树梅. 1993. 高产棉株理想株型经济性状时空分布的数学模型. 中国棉花，20（6）：21-23

陈立昶，俞敬忠，吉守银，等. 1998. 泗棉 3 号品种的选育技术. 棉花学报，10（1）：20-25

杜宏彬，朱勇，吴升仕. 2011. 栽培植物株型的选择与塑造. 安徽农学通报（下半月刊），17（22）：97-98

杜明伟，杨富强，吴宁，等. 2012. 长江中下游棉花产量相关性状研究及棉太金的调控作用. 中国棉花，39（6）：15-19

杜雄明. 1996. 棉花果枝类型划分的统一化. 中国棉花，（4）：19

杜雄明，刘国强. 1997. 棉花不同果枝类型组合间 F_2 代的分离及遗传分析. 河南农业大学学报，

31（1）：40-44，75

杜雄明，刘国强，傅怀勤，等．1997．陆地棉不同果枝类型品种若干性状的鉴定和分析．华北农学报，12（3）：61-66

范君华，刘明．2006．不同叶型零式果枝海岛棉叶片光合色素特性比较．中国棉花，33（4）：11-12

华国雄，易福华．2001．棉花的机械化轻型栽培技术体系．中国棉花，28（6）：37-38

纪从亮，俞敬忠，刘友良，等．2000．棉花高产品种的株型特征研究．棉花学报，12（5）：234-237

李爱莲，蔡以纯．1990．棉花若干性状对产量形成的作用．棉花学报，2（1）：67-74

李春平，刘忠山，张大伟，等．2014．北疆棉花早熟育种探讨．中国棉花，41（1）：5-7

李蒙春．1994．棉花高产群体株型综合指标及控制程序研究．石河子农学院学报，（Z1）：37-42

李瑞生，王可利，刘炳炎．2007．棉花双株型栽培体系研究初报．作物杂志，（5）：69-70

李新裕，陈玉娟，闫志顺，等．1998．棉花丰产株型、株高、茎粗与单株成铃的关系．塔里木农垦大学学报，10（1）：34-36

凌启鸿，陆卫平，蔡建中，等．1989．水稻根系分布与叶角关系的研究初报．作物学报，15（2）：123-131

刘海静，韩赞平，库丽霞，等．2014．玉米株型相关基因 *ZmDwarf4* 的克隆及表达分析．玉米科学，（2）：22-27，34

刘继国，陈振武，包秀红．2004．棉花不同品种株型结构对产量的影响研究．辽宁农业科学，（3）：11-14

南殿杰，赵海祯，吴云康，等．1995．棉花株型栽培的增产机理及技术研究．棉花学报，7（4）：238-240

苏祖芳，许乃霞，孙成明，等．2003．水稻抽穗后株型指标与产量形成关系的研究．中国农业科学，36（1）：115-120

宿俊吉，雷亚柯，邓福军，等．2010．海南不同种植方式对陆地棉多个性状的影响．西南农业学报，23（1）：56-59

谈春松．1993．棉花株型栽培研究．中国农业科学，26（4）：36-43

谈松．1990．水稻理想株型与优良生理特性结合育种初探．沈阳农业大学学报，21（2）：110-114

汤飞宇，莫旺成，王晓芳，等．2010．陆地棉株型性状对皮棉产量的遗传贡献分析．中国农学通报，26（23）：151-156

汤飞宇，莫旺成，王晓芳，等．2011．高品质陆地棉与转 *Bt* 基因抗虫棉杂交株型性状的遗传及与产量性状的关系．中国农学通报，27（1）：79-83

田志刚，张淑芳．1999．短季棉株型性状与经济性状关系初探．中国棉花，26（2）：18-19

王清连．2004．棉花新品种百棉1号选育报告．河南职业技术师范学院学报，32（3）：1-3，8

肖松华，吴巧娟，刘剑光，等．2010．棉花机采品种理想株型模式研究．江西农业学报，22（8）：1-4，8

杨守仁．1987．水稻超高产育种的新动向——理想株形与有利优势相结合．沈阳农业大学学报，18（1）：1-3

杨万玉，周桂生，陈源，等．2001．高产棉花株型与产量关系的研究．江苏农业科学，（2）：29-32

周桂生，林岩，童晨，等．2011．钾肥和缩节胺对高品质棉株型和产量的影响．湖北农业科学，

50（23）：4801-4803

朱绍琳，李秀章. 1980. 棉花株型育种. 中国棉花，（3）：11-15

Boysen-Jenson P. 1932. Die stoffproduktion der pflanzen. Protoplasma, 189(1): 311

Donald CM. 1968. The breeding of crop Ideotypes. Euphytica, 17(3): 385-403

Heath OVS, Gregory FG. 1938. The constancy of the mean net assimilation rate and its ecological importance. Ann Botany, 2(4): 811-818

Wang YH, Li JY. 2006. Genes controlling plant architecture. Curr Opin Biotech, 17(2): 123-129

Xue WY, Xing YZ, Weng XY, et al. 2008. Natural variation in *Ghd7* is an important regulator of heading date and yield potential in rice. Nat Genet, 40(6): 761-767

第三章 棉花株型性状遗传

第一节 基于百棉 1 号×TM-1 的棉花株型性状遗传分析

近年来，随着数量遗传学和统计分析方法的迅速发展，人们对数量性状基因的认识已有所深化，研究表明数量性状不仅是一种多基因遗传模式，还存在主基因遗传模式和主基因+多基因遗传模式。盖钧镒等（2003）认为，主基因＋多基因混合遗传模型是数量性状的通用模型，单纯的主基因和单纯的多基因模型为其特例；并由此发展了一套完整的主基因与多基因存在与效应的数量性状分离分析方法体系。目前，该体系已在大豆的耐盐性和抗虫性（罗庆云等，2004；李广军等，2008）、水稻的稻曲病抗性（李余生等，2008）、小麦的抗纹枯病和 PPB 活性（葛秀秀等，2004；吴纪中等，2005）、棉花的产量及其构成因素（张培通等，2006）、玉米的抗螟性（包和平等，2007）、油菜的抗倒伏性（顾慧和戚存扣，2008）等多种作物多种性状上进行了应用。同时，一些性状的研究结果得到了分子标记 QTL 定位的验证（李成奇等，2008；宋丽等，2008）。

株型与作物生产和育种关系密切，合理的株型可以提高叶面积指数，改良群体光合效率，提高作物耐肥性，增加收获指数；通过株型研究，还可以为作物育种提供新的选择标准。作物株型多属数量性状，受基因型和环境共同控制。株型又与其他性状如抗性、适应性、产量等存在相关关系，在水稻、小麦、玉米等禾谷类作物上研究较多（Zhuang et al., 1997；Kulwal et al., 2003；Perreira and Lee, 1995），在棉花上也有一些报道（叶子弘和朱军，2001）。株型育种是通过改善植株形态特征，提高作物对光能的利用，协调各性状之间的关系，最终提高作物产量。百棉 1 号是由河南科技学院棉花研究所利用系谱法选育成的陆地棉新品种，2004 年通过河南省品种审定，2009 年通过国家审定。百棉 1 号的选育成功是以塑造理想株型为突破口的，其株型表现为：叶片中等偏大、缺刻偏浅，株高适中，茎秆粗壮抗倒伏，果枝上举，株型清秀，通风透光好，有效果枝数多（王清连，2004）；另外，百棉 1 号的盖顶桃较多，增产潜力大。本研究采用主基因＋多基因混合遗传模型，对百棉 1 号的主要株型性状进行了遗传分析，旨在为通过株型育种实现棉花高产提供理论依据。

一、材料与方法

（一）试验材料和性状调查

百棉 1 号来自河南科技学院棉花研究所，已连续自交多代；TM-1 是由美国陆地棉商用品种岱字棉 14 连续自交并选择得到的陆地棉遗传标准系。

2008 年夏配制百棉 1 号×TM-1，获得 F_1，冬季海南加代获得 F_2，同时配制组合的 B_1 和 B_2。2009 年在河南科技学院棉花试验站种植 P_1、P_2、B_1、B_2、F_1 和 F_2 共 6 个世代，顺序排列。按单株分别考查株高（子叶节与主茎顶端间的距离）、果枝长度（果枝基部与果枝末端间的距离）、株高/果枝长度、主茎节间长度（主茎节长与主茎节数之比）、果枝节间长度（果枝长度与果枝节数之比）、总果节数（所有果枝的果节数）、总果枝数（所有果枝数）、有效果枝数（结有正常铃的果枝数）和果枝夹角（果枝与主茎间的夹角）等 9 个株型性状，其中，果枝长度、果枝节间长度和果枝夹角是在得到总果枝数的基础上，调查植株中间两个果枝，取平均值作为最终结果。P_1、P_2、F_1 分别调查 12 株、12 株、20 株，B_1、B_2、F_2 分别调查 109 株、120 株、200 株。

（二）数据统计分析

基本统计分析采用 Excel 2007。主基因＋多基因多世代联合分析采用盖钧镒等（2003）提出的主基因+多基因混合遗传模型的 P_1、P_2、F_1、B_1、B_2 和 F_2 六世代联合分析的方法，分别对各株型性状比较 1 对主基因（A 类模型）、2 对主基因（B 类模型）、无主基因（C 类模型）、1 对主基因+多基因（D 类模型）和 2 对主基因+多基因（E 类模型）共 24 个遗传模型的 AIC 值，然后进行遗传模型的适合性测验，包括均匀性检验（U_1^2、U_2^2、U_3^2）、Smirnov 检验（$_nW^2$）和 Kolmogorov 检验（D_n），最适模型的确定是综合考虑极大对数似然函数、AIC 值最小和适合性检验的结果。根据模型分析结果，估计主基因和多基因的各项遗传参数。

二、结果与分析

利用主基因+多基因混合遗传模型的 P_1、P_2、F_1、B_1、B_2 和 F_2 六世代联合分析方法，对百棉 1 号×TM-1 组合的各株型性状进行了遗传分析。

（一）各世代的株高表现

由 P_1、P_2、F_1、B_1、B_2 和 F_2 各世代的株高基本参数（表 3-1）可知。两亲本株高差异明显；F_1 平均值介于双亲之间，接近于高值亲本（P_1）；B_1 和 B_2 的平均值均偏向于高值亲本；F_2 的平均值偏向于低值亲本（P_2）；B_1、B_2、F_2 群体均有超亲分离现象。

表 3-1 各世代株高基本参数

世代	最小值/cm	最大值/cm	极差/cm	均值/cm	标准差/cm	峰度	偏度
P_1	92	106	14	98.917	4.833	−1.411	0.073
P_2	70	91	21	79.250	6.757	−1.074	0.390
F_1	85	107	22	96.050	6.083	−0.591	0.239
B_1	56	130	74	94.661	14.959	−0.314	−0.124
B_2	48	129	81	92.225	16.699	−0.135	−0.557
F_2	48	114	66	78.650	16.653	−0.177	0.216

（二）株型性状的遗传分析

1. 株高

根据遗传模型选择的原则，即 AIC 值最小准则，株高 D-2 和 D-4 模型的 AIC 值相对较小，分别为 3824.4746 和 3824.4738。然后分别对其进行适合性检验（表 3-2），结果显示，2 个模型所有统计量都不显著即都通过，但由于 D-4 模型的 AIC 值相对最小，因此认为株高的最适遗传模型为 D-4，即 1 对负向完全显性主基因+加性-显性多基因模型。根据模型的极大似然估计值，估计最适遗传模型的遗传参数（表 3-3）。株高主基因的加性效应为较高的正值 6.830，负向完全显性；多基因加性效应和显性效应分别为 1.910、12.053，显性效应较高；分离世代主基因遗传率平均为 22.906%，多基因遗传率平均为 62.230%，以多基因遗传为主，总遗传率为 85.136%。

表 3-2 株高 D-2 和 D-4 模型的适合性检验

模型	AIC 值	世代	U_1^2	U_2^2	U_3^2	$_nW^2$	D_n
D-2	3824.4746	P_1	0.640 (0.4238)	0.472 (0.4922)	0.123 (0.7260)	0.0853 (＞0.05)	0.1659（0.05）=0.4301
		F_1	0.253 (0.6152)	0.343 (0.5578)	0.158 (0.6910)	0.0549 (＞0.05)	0.1255（0.05）=0.3206
		P_2	0.011 (0.9174)	0.043 (0.8351)	1.523 (0.2171)	0.0799 (＞0.05)	0.2277（0.05）=0.4301
		B_1	1.018 (0.3129)	0.938 (0.3328)	0.001 (0.9728)	0.151 (＞0.05)	0.0961（0.05）=0.1315
		B_2	0.283 (0.5950)	0.260 (0.6099)	0.000 (0.9857)	0.1839 (＞0.05)	0.0822（0.05）=0.1252
		F_2	0.001 (0.9706)	0.001 (0.9800)	0.002 (0.9660)	0.0269 (＞0.05)	0.0338（0.05）=0.0967
D-4	3824.4738	P_1	0.639 (0.4242)	0.471 (0.4926)	0.123 (0.7259)	0.0852 (＞0.05)	0.1659（0.05）=0.4301

续表

模型	AIC 值	世代	U_1^2	U_2^2	U_3^2	$_nW^2$	D_n
D-4	3824.4738	F_1	0.250 (0.6168)	0.341 (0.5593)	0.158 (0.6909)	0.0548 (>0.05)	0.1253（0.05）=0.3206
		P_2	0.011 (0.9157)	0.043 (0.8366)	1.525 (0.2169)	0.08 (>0.05)	0.2279（0.05）=0.4301
		B_1	1.021 (0.3124)	0.939 (0.3325)	0.001 (0.9707)	0.1513 (>0.05)	0.0962（0.05）=0.1315
		B_2	0.285 (0.5935)	0.263 (0.6080)	0.000 (0.9878)	0.1842 (>0.05)	0.0823（0.05）=0.1252
		F_2	0.001 (0.9696)	0.001 (0.9787)	0.002 (0.9673)	0.0269 (>0.05)	0.0337（0.05）=0.0967

表 3-3　六世代联合估计的株型性状遗传参数

参数	株高 /cm D-4	果枝长 度/cm C-0	株高/果枝 长度 D-4	主茎节间长 度/cm D-2	果枝节间长 度/cm E-0	总果节 数 D-2	总果枝 数 B-1	有效果枝 数 B-1	果枝夹角 / (°) C-0
m	86.746	51.901	1.717	5.637	9.071	59.672	11.522	9.983	62.394
d	6.830	—	0.177	0.297	—	8.995	—	—	—
h	−6.830	—	−0.177	—	—	—	—	—	—
d_a	—	—	—	—	0.768	—	1.218	1.932	—
d_b	—	—	—	—	1.303	—	1.203	1.932	—
h_a	—	—	—	—	0.431	—	0.448	−0.560	—
h_b	—	—	—	—	0.709	—	2.006	1.514	—
i	—	—	—	—	0.644	—	0.219	−0.158	—
j_{ab}	—	—	—	—	−0.680	—	−0.596	−0.416	—
j_{ba}	—	—	—	—	−1.348	—	−2.140	−2.489	—
l	—	—	—	—	−0.083	—	−0.568	1.101	—
$[d]$	1.910	—	−0.156	−0.093	—	−0.931	—	—	—
$[h]$	12.053	—	0.416	−0.068	—	−2.800	—	—	—
h^2_{mg}/%	22.906	0.750	6.715	9.058	41.837	24.590	45.613	60.594	0.750
h^2_{pg}/%	62.230	53.108	49.157	54.334	10.849	23.295	0.000	0.000	50.734
h^2/%	85.136	53.858	55.872	63.392	52.685	47.885	45.613	60.594	51.485

注：D-4.1 对负向完全显性主基因+加性-显性多基因模型；C-0. 加性-显性-上位性多基因模型；D-2.1 对加性主基因+加性-显性多基因模型；E-0. 2 对加性-显性-上位性基因+加性-显性-上位性多基因模型；B-1. 2 对加性-显性-上位性主基因遗传模型。m. 中亲值；d、h. 分别表示 1 对主基因时主基因的加性效应和显性效应；d_a、h_a. 分别表示 2 对主基因时主基因 a 的加性效应和显性效应；d_b、h_b. 2 对主基因时主基因 b 的加性效应和显性效应；i. 主基因间加性×加性互作；j_{ab}. 主基因加性×显性互作；j_{ba}. 表示主基因间显性×加性互作；l. 主基因间显性×显性互作；$[d]$. 多基因加性效应；$[h]$. 多基因显性效应；h^2_{mg}. 主基因遗传率；h^2_{pg}. 多基因遗传率；h^2. 总遗传率

2. 果枝长度和果枝夹角

根据主基因+多基因遗传模型联合世代分析结果,果枝长度和果枝夹角的最适遗传模型均为 C-0,即加性-显性-上位性多基因模型,未检测到效应大的主基因。果枝长度分离世代主基因遗传率平均为 0.750%,多基因遗传率平均为 53.108%,总遗传率为 53.858%;果枝夹角分离世代主基因遗传率平均为 0.750%,多基因遗传率平均为 50.734%,总遗传率为 51.485%。果枝长度和果枝夹角均属典型的多基因遗传(表 3-3)。

3. 株高/果枝长度

株高/果枝长度的最适遗传模型为 D-4,即 1 对负向完全显性主基因+加性-显性多基因模型。主基因加性效应值为 0.177,负向完全显性;多基因加性效应与显性效应方向相反,分别为–0.156 和 0.416。分离世代主基因遗传率平均为 6.715%;多基因遗传率平均为 49.157%,以多基因遗传为主,总遗传率为 55.872%(表 3-3)。

4. 主茎节间长度和总果节数

主茎节间长度和总果节数的最适遗传模型均为 D-2,即 1 对加性主基因+加性-显性多基因模型。主茎节间长度主基因加性效应值为 0.297,无显性效应;多基因加性效应与显性效应均为负值,分别为–0.093 和–0.068;分离世代主基因遗传率平均为 9.058%,多基因遗传率平均为 54.334%,以多基因遗传为主,总遗传率为 63.392%。总果节数主基因加性效应值为 8.995,无显性效应;多基因加性效应与显性效应均为负值,分别为–0.931 和–2.800,势能比较大;分离世代主基因遗传率平均为 24.590%,多基因遗传率平均为 23.295%,以主基因与多基因遗传并重,总遗传率为 47.885%(表 3-3)。

5. 果枝节间长度

果枝节间长度的最适遗传模型为 E-0,即 2 对加性-显性-上位性主基因+加性-显性-上位性多基因模型。2 对主基因加性效应值均为正值,正向部分显性;主基因间存在互作,其中加性×加性互作为正效应 0.644,其余均为负效应。分离世代主基因遗传率平均为 41.837%,多基因遗传率平均为 10.849%,以主基因遗传为主,总遗传率为 52.685%(表 3-3)。

6. 总果枝数和有效果枝数

总果枝数和有效果枝数的最适遗传模型均为 B-1,即 2 对加性-显性-上位性主基因遗传模型。总果枝数 2 对主基因加性效应均为正值,1 对主基因为正向部分显性,另 1 对主基因为正向超显性;2 对主基因间存在互作,其中加性×加性互作为正效应 0.219，其余均为负效应。分离世代主基因遗传率平均为 45.613%，总遗传率 45.613%。有效果枝数 2 对主基因加性效应均为正值且大小相等，1 对主基因为负向部分显性，另 1 对主基因为正向部分显性；2 对主基因间互作效应除显性×显性互作为正效应 1.101，其余均为负效应。分离世代主基因遗传率平均为 60.594%，总遗传率为 60.594%，总果枝数和有效果枝数均属典型的主基因遗传（表 3-3）。

三、结论与讨论

（一）棉花株型性状主基因存在的证据

以分子标记为手段的 QTL 作图提供了控制数量性状主基因存在的证据。目前，在水稻、小麦、玉米、大豆等作物上，已鉴定出诸多与株型性状相关的 QTL。在棉花上，张培通等（2006）利用陆地棉 P_1、P_2 和重组自交系群体三世代联合分析法，对 2 个环境下 4 个棉花株型性状进行了主基因＋多基因遗传分析，结果表明，株型性状都符合主基因＋多基因混合遗传模型，存在控制株型性状的主基因；同时，利用分子标记技术检测到控制棉花株型性状的 14 个 QTL；Wang等（2006）利用重组自交系和 SSR（simple sequence repeat）分子标记进行陆地棉株型 QTL 的鉴定及定位，共检测到 16 个株型性状 QTL；Song 等（2005）利用陆海杂交 BC_1 群体检测到 8 个叶片形态性状的 29 个 QTL。本研究利用主基因＋多基因混合遗传模型，较全面地对陆地棉株型性状遗传规律进行了分析，结果表明，9 个株型性状中除果枝长度和果枝夹角未检测到主基因，其他性状均检测到主基因的存在，其中株高、株高/果枝长度、主茎节间长度、总果节数分别检测到 1 对主基因，果枝节间长度、总果枝数和有效果枝数分别检测到 2 对主基因，说明棉花株型性状主基因是普遍存在的，为株型性状的 QTL 定位和标记辅助选择奠定了理论基础。

（二）棉花株型遗传对高产育种的启示

塑造棉花理想株型、合理密植、配套栽培措施，对提高棉花产量、改善性状间的关系意义重大。泗棉 3 号是 20 世纪 90 年代我国育成的曾在长江流域推广面积最大的棉花品种，是我国棉花常规品种培育的成功典范，该品种选育的关键技术之一就是塑造了理想株型，表现出株型疏朗、层次清晰、节间匀称、群体内植株通透性好等特点，为其高光效利用和实现高产奠定了基础。杨万玉等（2001）对泗棉 3 号的皮棉产量与株型关系进行了研究，合理运筹栽培措施，结果泗棉 3 号的皮棉产量得到显著提高。百棉 1 号的选育成功也是与其理想株型分不开的。本研究以百棉 1 号和 TM-1 配制组合，目的是研究百棉 1 号株型性状的遗传规律，为指导棉花高产育种提供理论依据。由各性状的主基因加性效应可知，加性效应为正值的增效位点来自高值亲本，如株高、果枝长度、株高/果枝长度、果枝节间长度、总果节数、总果枝数和有效果枝数的主基因增效位点来自百棉1号，而主茎节间长度和果枝夹角的主基因增效位点来自TM-1，在棉花株型育种中，聚合增效位点时应注意亲本间的基因互补。由各性状主基因的显性效应与加性效应比值可知，各性状主基因的显性度（势能比）存在差异，在杂种优势利用上应注意考虑。由各性状的总遗传率比较得出，株高的总遗传率最高（85.136%），其次为主茎节间长度（63.392%）和有效果枝数（60.594%），这3个性状作为株型指标可在早期世代进行选择。从主基因遗传率和多基因遗传率的权重来看，总果枝数、有效果枝数和果枝节间长度为主基因遗传或以主基因遗传为主，对其可采用单交重组或简单回交转育的方法转移主基因，同时兼顾增效多基因的聚合；株高、果枝长度、株高/果枝长度、主茎节间长度和果枝夹角为多基因遗传或以多基因遗传为主，对其可采用聚合回交或轮回选择的方法累积增效多基因；总果节数以主基因和多基因遗传并重，对其可根据主基因、多基因相对效应大小分别考虑，达到有利主基因和多基因同步改良的育种效果。

第二节　基于百棉2号×TM-1的棉花株型性状遗传分析

作物株型是植株的形态结构及其生理和生态独具的特殊功能等方面的综合体现。株型与作物生产和育种关系密切，合理的株型可以提高叶面积指数、改良群体光合效率、提高作物耐肥性、增加收获指数。通过株型研究，可以为作物育种提供新的选择标准。株型育种是通过改善植株形态特征，使其适于合理密植等栽培措施，协调各性状之间的关系，最终提高作物产量。作物株型多属于数量性状，受基因型和环境共同控制。株型又与其他性状如抗性、品质、适应性、产量等存在相关关系，在水稻、小麦、玉米等禾谷类作物上已有较多报道（Zhuang et al.，1997；Kulwal et al.，2003；Perreira and Lee，1995；张子军等，2009），株型育种对提高这些作物的经济产量做出了重要贡献（于强等，1998；苏祖芳等，2003；马限均等，2006；张兰萍等，2007；Jiang et al.，1994；宋凤斌和童淑媛，2010；李万昌，2009；郑毅等，2010；王秀萍等，2010）。对棉花株型性状的遗传研究目前较少（叶子弘和朱军，2001），且这些研究多数基于经典数量遗传学方法，把控制某一性状的多个微效基因作为整体进行分析，估计基因的总体效应，但不能解析单个基因的效应。现代数量遗传学理论认为，数量性状不仅是一种多基因遗传模式，还存在主基因遗传模式和主基因+多基因遗传模式。盖钧镒团队发展了一套完整的植物数量性状主基因+多基因混合遗传模型和分析方法（Gai and Wang，1998；Wang et al.，2001；章元明等，2001；盖钧镒等，2003）。目前利用该方法对棉花株型性状的遗传研究已有报道，张培通等（2006）利用陆地棉 P_1、P_2 和重组自交系群体的三世代联合分析法，对 2 个环境下 4 个棉花株型性状进行了主基因+多基因遗传分析，揭示了棉花株型性状主基因存在的普遍性。

短季棉又称早熟棉，具有株型紧凑、植株偏矮、节间短、果枝短、第一果枝节位低、叶量少、生育期短等特点（喻树迅和黄祯茂，1990）。中国人多地少，棉花主产区又是粮食主产区，短季棉品种的选育和推广是缓解粮棉争地矛盾、实现粮棉双丰收的有效途径（承泓良等，1994）。百棉 2 号是由河南科技学院棉花研究所利用系谱法选育成的短季棉新品种，2005 年通过河南省品种审定。该品种株型表现为松紧适中、果枝角度中等、第一果枝节位低、单株果枝数多等特点（朱高岭等，2008）。本研究以熟性差异较大的短季棉品种百棉 2 号和中晚熟陆地棉材料 TM-1 形成的 P_1、P_2、F_1、B_1、B_2、F_2 六世代群体为材料，利用主基因+多基因混合遗传模型和分析方法，探讨棉花主要株型性状的基因效应的遗传模式，旨在通过株型育种改善棉花早熟性与产量、品质间的关系，为培育高产、优质短季棉品种提供理论依据。

一、材料与方法

（一）试验材料和性状调查

百棉 2 号为河南科技学院棉花研究所培育的短季棉品种，已连续自交多代；TM-1 是由美国陆地棉商用品种岱字棉 14 连续自交并选择得到的陆地棉遗传标准系，在中国的主要棉区种植均表现中熟偏晚。

2008 年夏配制百棉 2 号×TM-1，获得 F_1，冬季海南加代获得 F_2，同时配制组合的 B_1 和 B_2。2009 年在河南科技学院棉花试验站种植 P_1、P_2、B_1、B_2、F_1、F_2 共 6 个世代群体，顺序排列。按单株分别考查总果枝数、有效果枝数、株高、果枝长度、株高/果枝长度、主茎节间长度、果枝节间长度、总果节数和果枝夹角等 9 个株型性状，其中果枝长度、果枝节间长度和果枝夹角是在得到总果枝数的基础上，调查植株中间两个果枝，取平均值作为最终结果。P_1、P_2、F_1 分别调查 12 株、12 株、30 株；B_1、B_2、F_2 分别调查 114 株、115 株、200 株。

（二）数据统计分析

采用盖钧镒等（2003）提出的主基因+多基因混合遗传模型的 P_1、P_2、F_1、B_1、B_2、F_2 六世代联合分析方法，分别对各株型性状比较 1 对主基因（A 类模型）、2 对主基因（B 类模型）、无主基因（C 类模型）、1 对主基因+多基因（D 类模型）和 2 对主基因+多基因（E 类模型）共 24 个遗传模型的 AIC 值，并进行遗传模型的适合性测验，包括均匀性检验（U_1^2、U_2^2、U_3^2）、Smirnov 检验（nW^2）

和 Kolmogorov 检验（D_n），最优模型的确定是综合考虑极大对数似然函数、AIC 值最小准则和适合性检验的结果。根据模型分析结果，估计主基因和多基因的各项遗传参数。

二、结果与分析

（一）株型性状分离世代的次数分布

将各株型性状分离世代的次数分布结果见表 3-4，由表得出，各性状的分离世代 B_1、B_2 和 F_2 的次数分布多数呈现明显的偏态和多峰，预示着可能存在主基因，表现出主基因+多基因的混合遗传特征。

表 3-4　株型性状分离世代的次数分布

性状	项目	次数分布											
总果枝数	组中点	5	6.2	7.4	8.6	9.8	11	12.2	13.4	14.6	15.8	17	18.2
	B_1 次数	0	0	0	0	2	2	7	17	35	31	19	1
	B_2 次数	1	1	3	6	8	20	14	17	31	11	3	0
	F_2 次数	0	2	3	3	10	35	39	54	35	15	4	0
有效果枝数	组中点	1	2.4	3.8	5.2	6.6	8	9.4	10.8	12.2	13.6	15	16.4
	B_1 次数	0	1	0	9	18	24	37	7	9	6	3	0
	B_2 次数	1	2	1	8	5	23	7	13	33	14	7	0
	F_2 次数	0	1	0	8	13	33	31	39	55	9	10	1
株高	组中点	43	50	57	64	71	78	85	92	99	106	113	120
	B_1 次数	1	4	5	5	5	18	22	15	18	13	3	5
	B_2 次数	0	0	1	10	20	24	22	20	12	5	0	1
	F_2 次数	2	6	21	35	42	38	30	20	6	0	0	0
果枝长度	组中点	13	18.4	23.7	29.1	34.5	39.9	45.2	50.6	56	61.3	66.7	72.1
	B_1 次数	0	0	2	2	8	9	21	29	20	10	8	5
	B_2 次数	0	0	6	12	20	17	24	21	11	2	0	0
	F_2 次数	2	9	14	33	60	54	24	4	0	0	0	0
株高/果枝长度	组中点	0.6	1	1.3	1.7	2.1	2.4	2.8	3.1	3.5	3.9	4.2	4.6
	B_1 次数	1	6	10	29	36	21	8	3	2	1	0	0
	B_2 次数	0	0	3	15	41	28	15	7	2	3	0	1
	F_2 次数	0	0	3	20	63	51	33	12	7	7	3	1
主茎节间长度	组中点	2.3	2.9	3.4	4	4.6	5.2	5.8	6.3	6.9	7.5	8.1	8.7
	B_1 次数	0	1	2	1	12	23	31	22	7	10	1	4
	B_2 次数	0	0	0	26	41	24	15	2	1	0	1	1
	F_2 次数	1	4	18	56	46	37	22	7	1	1	2	3
果枝节间长度	组中点	4.3	5.5	6.7	8	9.2	10.4	11.6	12.8	14.1	15.3	16.5	17.7

续表

性状	项目					次数分布							
果枝节间长度	B₁次数	0	0	2	11	23	44	20	8	5	1	0	0
	B₂次数	1	6	17	17	28	21	15	7	1	1	0	1
	F₂次数	0	6	22	76	69	19	8	0	0	0	0	0
总果节数	组中点	15	22.5	29.9	37.4	44.8	52.3	59.8	67.2	74.7	82.1	89.6	97.1
	B₁次数	0	6	9	22	25	26	15	10	1	0	0	0
	B₂次数	0	2	3	12	21	28	15	15	8	7	1	3
	F₂次数	1	2	6	27	40	42	39	22	11	8	2	0
果枝夹角	组中点	25	30.5	36	41.5	47	52.6	58.1	63.6	69.1	74.6	80.1	85.6
	B₁次数	1	3	4	5	10	19	8	17	14	8	2	
	B₂次数	0	0	0	1	2	9	17	26	31	23	6	0
	F₂次数	0	0	0	0	2	10	10	28	64	65	18	3

（二）株型性状的遗传分析

利用主基因+多基因混合遗传模型的 P_1、P_2、F_1、B_1、B_2、F_2 六世代联合分析方法，对株型性状进行遗传分析。首先根据遗传模型选择的原则，确定各性状的最适遗传模型。然后根据模型的极大似然估计值，估计最适遗传模型的遗传参数。将株型性状的最适遗传模型和参数估计结果列于表 3-5。

表 3-5　株型性状的最适遗传模型和参数估计

参数	总果枝数	有效果枝数	株高/cm	果枝长度/cm	株高/果枝长度	主茎节间长度/cm	果枝节间长度/cm	总果节数	果枝夹角/(°)
	E-0	B-1	D-0	D-2	E-0	E-0	C-0	E-3	D-3
主基因对数	2	2	1	1	2	2	0	2	1
m	13.208	9.099	81.949	39.377	2.017	5.083	8.544	38.249	57.047
d	—	—	14.070	6.682	—	—	—	—	2.475
h	—	—	-0.092	—	—	—	—	—	2.475
d_a	1.283	1.920	—	—	0.409	0.744	—	-2.242	—
d_b	2.014	1.919	—	—	0.509	1.016	—	6.868	—
h_a	1.642	-0.821	—	—	-0.118	-0.124	—	—	—
h_b	1.175	1.970	—	—	-0.177	-0.276	—	—	—
i	-1.308	0.213	—	—	0.392	0.707	—	—	—
j_{ab}	-1.197	-1.570	—	—	-0.171	-0.253	—	—	—
j_{ba}	-1.195	-2.566	—	—	-0.172	-0.253	—	—	—
l	-2.816	1.721	—	—	0.332	0.200	—	—	—
$[d]$	—	—	—	2.658	—	—	—	1.411	-0.467

参数	总果枝数	有效果枝数	株高/cm	果枝长度/cm	株高/果枝长度	主茎节间长度/cm	果枝节间长度/cm	总果节数	果枝夹角/(°)
	E-0	B-1	D-0	D-2	E-0	E-0	C-0	E-3	D-3
[h]	—	—	—	-1.221	—	—	—	17.206	-4.207
h_{mg}^2/%	48.736	61.316	40.393	35.245	43.179	35.895	0.738	46.165	18.475
h_{pg}^2/%	2.224	0.000	33.732	35.658	41.350	0.000	76.242	39.494	55.551
h^2/%	50.960	61.316	74.125	70.903	84.530	35.895	76.980	85.659	74.026

注：E-0. 2 对加性-显性-上位性主基因+加性-显性-上位性多基因模型；B-1. 2 对加性-显性-上位性主基因遗传模型；D-0. 1 对加性-显性主基因+加性-显性-上位性多基因模型；D-2. 1 对加性主基因+加性-显性多基因模型；C-0. 加性-显性-上位性多基因模型；E-3. 2 对加性主基因+加性-显性多基因模型；D-3. 1 对完全显性主基因+加性-显性多基因模型；m. 中亲值，d、h. 分别表示 1 对主基因时主基因的加性效应和显性效应；d_a、h_a. 2 对主基因时主基因 a 的加性效应和显性效应；d_b、h_b. 2 对主基因时主基因 b 的加性效应和显性效应；i. 主基因间加性×加性互作；j_{ab}. 主基因间加性×显性互作；j_{ba}. 主基因间显性×加性互作；l. 主基因间显性×显性互作；[d]. 多基因加性效应；[h]. 多基因显性效应；h_{mg}^2. 主基因遗传率；h_{pg}^2. 多基因遗传率；h^2. 总遗传率

1. 总果枝数

总果枝数的最适遗传模型为 E-0，即 2 对加性-显性-上位性主基因+加性-显性-上位性多基因模型。2 对主基因加性效应和显性效应均为正值，其中，1 对主基因加性效应为 1.283，显性效应为 1.642，正向超显性；另 1 对主基因加性效应为 2.014，显性效应为 1.175，正向部分显性；主基因间存在互作，所有互作包括加性×加性、加性×显性、显性×加性和显性×显性，均为负效应。分离世代主基因遗传率平均为 48.736%，多基因遗传率平均为 2.224%，以主基因遗传为主，总遗传率为 50.960%。

2. 有效果枝数

有效果枝数的最适遗传模型为 B-1，即 2 对加性-显性-上位性主基因遗传模型。2 对主基因加性效应均为正值，1 对主基因表现为负向部分显性，另 1 对主基因表现为正向超显性；2 对主基因间存在互作，其中加性×加性、显性×显性互作表现为正效应，分别为 0.213 和 1.721；加性×显性、显性×加性互作表现为负效应，分别为-1.570 和-2.566；分离世代主基因遗传率平均为 61.316%，无多基因遗传，总遗传率为 61.316%，属于典型的主基因遗传。

3. 株高

株高的最适遗传模型为 D-0，即 1 对加性-显性主基因+加性-显性-上位性多基因模型。主基因加性效应为较高的正值 14.070，显性效应很小且为负值-0.092，显性度很低，负向部分显性；分离世代主基因遗传率平均为 40.393%，多基因遗传率平均为 33.732%，以主基因遗传为主，总遗传率为 74.125%。

4. 果枝长度

果枝长度的最适遗传模型为 D-2,即 1 对加性主基因+加性-显性多基因模型。主基因加性效应为 6.682,无显性效应;多基因加性效应与显性效应方向相反,加性效应较高,势能比小于 1;分离世代主基因遗传率平均为 35.245%,多基因遗传率平均为 35.658%,以主基因遗传和多基因遗传并重,总遗传率为 70.903%。

5. 株高/果枝长度和主茎节间长度

株高/果枝长度和主茎节间长度的最适遗传模型均为 E-0,即 2 对加性-显性-上位性主基因+加性-显性-上位性多基因模型。株高/果枝长度两对主基因加性效应均为正值,显性效应均为负值,均表现为负向部分显性;主基因间存在互作,其中加性×加性、显性×显性互作表现为正效应,其余互作表现为负效应。分离世代主基因遗传率平均为 43.179%,多基因遗传率平均为 41.350%,以主基因遗传和多基因遗传并重,总遗传率为 84.530%。主茎节间长度与株高/果枝长度两对主基因的加性效应、显性效应、显性度及主基因间的互作效应遗传特点相似,但在遗传率上差别很大。主茎节间长度分离世代主基因遗传率平均为 35.895%,多基因遗传率平均值趋于 0,以主基因遗传为主,总遗传率为 35.895%。

6. 果枝节间长度

果枝节间长度的最适遗传模型均为 C-0,即加性-显性-上位性多基因模型。未检测到效应大的主基因。分离世代主基因遗传率平均为 0.738%,多基因遗传率平均为 76.242%,以多基因遗传为主,总遗传率为 76.980%。

7. 总果节数

总果节数的最适遗传模型为 E-3,即 2 对加性主基因+加性-显性多基因模型。2 对主基因加性效应方向相反,总和为正效应,均无显性效应;多基因加性效应和显性效应均为正值分别为 1.411 和 17.206,势能比很高,达 12.195。分离世代主基因遗传率平均为 46.165%,多基因遗传率平均为 39.494%,以主基因遗传为主,总遗传率为 85.659%。

8. 果枝夹角

果枝夹角的最适遗传模型为 D-3,即 1 对完全显性主基因+加性-显性多基因模型。主基因加性效应和显性效应大小相等,方向相同,正向完全显性;多基因加性效应和显性效应均为负值,势能比较高;分离世代主基因遗传率平均为 18.475%,多基因遗传率平均为 55.551%,以多基因遗传为主,总遗传率为 74.026%。

三、结论与讨论

（一）棉花株型性状主基因普遍存在

目前，在水稻、小麦、玉米、大豆、油菜等作物上已鉴定出诸多与株型性状相关的 QTL（Zhuang et al.，1997；Kulwal et al.，2003；杨晓军等，2008；黄中文等，2008；顾慧和戚存扣，2009），为株型性状主基因的存在提供了证据。在棉花上，Song 等（2005）利用陆海杂交 BC_1 群体检测到 8 个叶片形态性状的 29 个 QTL；Wang 等（2006）利用陆地棉重组自交系群体和 SSR 标记进行了棉花株型性状的 QTL 定位，共检测到 16 个株型性状 QTL；张培通等（2006）利用陆地棉 P_1、P_2 和重组自交系群体三世代联合分析法，对 2 个环境下 4 个棉花株型性状进行了主基因+多基因遗传分析，结果表明，株型性状都符合主基因+多基因混合遗传模型，存在控制株型性状的主基因，并利用分子标记技术检测到控制株型性状的 14 个 QTL。短季棉株型一般表现为株型紧凑、植株偏矮、节间短、果枝短等特点，而中晚熟棉株型一般表现为生育期较长、株型疏松、植株高大、主茎及果枝节间长等特点，两者主要株型指标存在极大差别，因此利用短季棉品种和中晚熟棉品种配置组合是研究棉花株型性状遗传的理想材料。本研究利用熟性差别较大的百棉 2 号和 TM-1 配制组合，进行了棉花株型性状的主基因+多基因遗传研究，结果表明，9 个株型性状中除果枝节间长度未检测到主基因，其他性状均检测到主基因的存在，其中总果枝数、有效果枝数、株高/果枝长度、主茎节间长度、总果节数分别检测到 2 对主基因；株高、果枝长度和果枝夹角分别检测到 1 对主基因。说明棉花株型性状主基因是普遍存在的，这些主基因与分子标记鉴定到的主效 QTL 相互补充验证，为棉花株型性状的标记辅助选择提供了理论依据。

（二）本研究结果对短季棉株型育种的启示

对棉花株型性状的遗传特别是主基因+多基因混合遗传目前研究较少，一个重要原因可能是株型性状受环境影响较大。利用多世代联合遗传分析方法，相当于增加了样本和重复，适用于受环境影响较大的性状（章元明，2001）。本试验利用短季棉百棉 2 号与 TM-1 形成的 P_1、P_2、F_1、B_1、B_2、F_2 六个世代群体，进行棉花株型性状的遗传分析，研究结果不仅有效提高了试验的精确性，还对指导短季棉株型育种具有重要意义。本研究中，百棉 2 号在总果枝数、有效果枝数、株高/果枝长度和总果节数性状上表现为高值亲本；TM-1 在株高、果枝长度、主茎节间长度、果枝节间长度和果枝夹角性状上表现为高值亲本。由各性状的主基因加性效应结果可知，加性效应为正值的其增效位点来自高值亲本，如总果枝数、有效果枝数、总果节数、株高/果枝长度的主基因增效位点来自百棉 2 号，而株高、果枝长度、主茎节间长度、果枝节间长度、果枝夹角的主基因增效位点均来自 TM-1；低值亲本也可能检测到增效位点，如总果节数的 1 对主基因加性效应为−2.242，其增效位点则来自低值亲本 TM-1，说明低值亲本也可能存在增效位点，由于隐蔽基因效应（Song et al.，1995），来自低值亲本的增效作用在亲本世代表现不出来，当发生重组时则会表现。在短季棉后代选择中，既要重视来自高值亲本的增效位点，又不可忽视来自低值亲本的增效位点，结合 QTL 定位结果，这些增效位点将被很好地发掘和利用。由株型性状的主基因显性效应与加性效应比值可知，各性状主基因的显性度（势能比）存在差异，在杂种优势利用上应予考虑。由各性状的总遗传率比较得出，总遗传率最高为总果节数（85.659%），其次为株高/果枝长度（84.530%）和果枝节间长度（76.980%），这 3 个性状可在早世代作为株型指标进行选择。从主基因遗传率和多基因遗传率的权重来看，总果枝数、株高、主茎节间长度、总果节数和有效果枝数以主基因遗传为主或属典型的主基因遗传，对这些性状可采用单交重组或简单回交转育的方法转移主基因，同时兼顾增效多基因的聚合；果枝夹角和果枝节间长度以多基因遗传为主或属典型的多基因遗传；对这些性状可采用聚合回交或轮回选择的方法累积增效多基因；果枝长度、株高/果枝长度以主基因和多基因遗传并重，对这些性状要根据其主基因和多基因的相对效应大小分别考虑，达到主基因、多基因同时得到改良的育种效果。由于数量性状遗传的复杂性，本研究基于短季棉×中晚熟棉组合得出的棉花株型性状遗传规律，尚待进一步采用不同组合、设置多个环境加以验证。

第三节　陆地棉品种（系）资源株型性状与皮棉产量的关系分析

棉花株型与产量关系密切，合理的株型可以改良群体的透光性，提高光合效率，增加棉花产量（谈春松，1993；程备久和赵伦一，1991；杨万玉等，2001）。通过合理密植、植物激素调控等栽培措施改良棉花群体结构，可达到增产目的（张巨松等，2003；周桂生等，2011；杜明伟等，2012）。棉花株型育种是通过选择合适的亲本杂交，后代株型性状选择，最终培育高产棉花品种。当前，棉花株型育种越来越引起育种家的重视。泗棉 3 号是我国 20 世纪 90 年代以来长江流域育成的推广面积最大的棉花品种，其选育的关键技术是注重理想株型的塑造，协调综合丰产性（陈立昶等，1998）。近年来关于棉花株型性状对皮棉产量的影响已有较多报道，但多侧重于栽培技术与管理措施方面（任颐等，1990；南殿杰等，1995；李瑞生等，2007；刘贞贞等，2014），对种质或育种群体进行株型与皮棉产量间关系的研究不是很多。田志刚和张淑芳（1999）、汤飞宇等（2009，2011）、Tang 等（2009）、Rauf 等（2004）和任颐等（1991）以棉花参加区域试验品系或少数地方品种为材料，对株型性状与皮棉产量进行了相关、通径或灰色关联等分析。这些研究均是基于少数材料（品种或品系）研究性状间的关系，育种应用价值不大。为进一步阐明棉花株型性状与皮棉产量的关系，本研究以我国近年来育成或引进的 172 份陆地棉骨干品种（系）为材料，利用变异、相关、通径和回归等方法对棉花株型性状与皮棉产量的关系进行了系统分析，为棉花株型选择提供理论参考。

一、材料与方法

（一）试验材料

供试的 172 份陆地棉品种（系）中，64 份来自黄河流域棉区，25 份来自长江流域棉区，55 份来自西北内陆棉区，18 份来自北部特早熟棉区，10 份为国外引进品种（具体材料未显示）。所有材料均经过多代自交。

（二）田间种植和性状考查

分别于 2012 年、2013 年将 172 份材料种植在河南科技学院棉花试验站，完全随机区组设计，单行区，2 次重复。每行 14～16 株，行长 5.0m，行距 1.0m，大田常规管理。对 2 年所有材料，在棉花生长后期分别考查株高、主茎节长（果枝始节与主茎顶端间的距离）、主茎节间长度、总果枝数、有效果枝数、果枝长度、果枝节间长度和果枝夹角 8 个株型性状。其中，果枝长度、果枝节间长度和果枝夹角是在得到总果枝数的基础上，调查植株中间两个果枝，取其平均值。棉花收获后考种获得单株皮棉产量（为便于描述，以下简称皮棉产量）。将各材料 2 次重复的平均值作为该材料当年性状的表型值，最终获得 2012 年和 2013 年 2 年的株型性状与皮棉产量表型值。

（三）数据处理

利用 Excel 2007 进行数据的基本统计；利用 SPSS 19.0 软件进行性状的变异、相关、通径和回归分析。

二、结果与分析

（一）两年株型性状与皮棉产量的变异分析

将两年株型性状与皮棉产量的变异分析列于表 3-6。由表得出，两年各株型性状与皮棉产量变幅均较大，显示了材料间较高的遗传多样性。两年各性状的变异程度及变异趋势基本一致。2012 年各性状的变异系数由大到小依次为皮棉产量、果枝长度、有效果枝数、果枝节间长度、主茎节长、株高、主茎节间长度、总果枝数和果枝夹角；2013 年各性状的变异系数由大到小依次为皮棉产量、果枝长度、有效果枝数、主茎节间长度、果枝节间长度、主茎节长、株高、总果枝数和果枝夹角。

表3-6　两年株型性状与皮棉产量的变异分析

性状	2012 年			2013 年		
	平均值	变幅	变异系数/%	平均值	变幅	变异系数/%
株高/cm	116.94	79.40～148.44	11.57	95.87	59.11～121.22	12.08
主茎节长/cm	89.95	61.67～114.44	11.89	75.34	46.13～95.88	12.32
主茎节间长度/cm	6.71	4.78～9.38	11.36	5.41	3.40～7.47	12.64
总果枝数	14.44	11.20～17.22	7.85	14.98	11.57～17.80	8.05
有效果枝数	9.68	4.33～14.10	19.33	11.52	5.25～15.13	14.87
果枝长度/cm	41.47	21.81～58.70	20.36	43.93	26.67～65.00	17.79
果枝节间长度/cm	8.06	4.04～11.62	16.32	8.00	5.53～10.34	12.63
果枝夹角/ (°)	64.29	51.20～75.70	6.77	64.91	53.33～75.89	5.80
皮棉产量/g	26.01	6.64～50.14	36.35	26.78	4.78～51.25	31.84

（二）两年株型性状与皮棉产量的相关分析

由两年株型性状间的相关分析（表3-7）得出，两年各株型性状间的相关基本一致。两年株高、主茎节长、主茎节间长度和有效果枝数分别与其他 8 个株型性状呈一致的或正或负相关关系，仅存在显著与不显著区别。总果枝数与果枝长度和果枝节间长度，果枝节间长度与果枝夹角两年相关不一致，2012 年均呈正相关，2013 年均呈负相关。由各株型性状与皮棉产量间的相关分析得出，两年各株型性状与皮棉产量间的相关差别不大。除主茎节间长度与皮棉产量间两年均呈不显著负相关，其他各株型性状与皮棉产量间均呈不显著或显著正相关。

表3-7　两年株型性状与皮棉产量的相关分析

性状	株高	主茎节长	主茎节间长度	总果枝数	有效果枝数	果枝长度	果枝节间长度	果枝夹角	皮棉产量
株高	1	0.965**	0.726**	0.414**	0.206**	0.370**	0.222**	−0.0461	0.0567
主茎节长	0.954**	1	0.734**	0.442**	0.172*	0.293**	0.152*	−0.0931	0.0399
主茎节间长度	0.779**	0.738**	1	−0.280**	−0.162*	0.185*	0.1215	−0.0817	−0.0365
总果枝数	0.232**	0.353**	−0.365**	1	0.465**	0.178*	0.0501	0.0036	0.1029
有效果枝数	0.215**	0.323**	−0.1246	0.617**	1	0.318**	0.361**	0.1067	0.620**
果枝长度	0.454**	0.427**	0.514**	−0.1179	0.207**	1	0.764**	0.364**	0.300**
果枝节间长度	0.443**	0.468**	0.465**	−0.0115	0.325**	0.617**	1	0.385**	0.399**
果枝夹角	−0.186*	−0.206**	−0.259**	0.0875	0.0397	−0.1371	−0.227**	1	0.230**
皮棉产量	0.179*	0.224**	−0.0589	0.380**	0.678**	0.1417	0.410**	0.0079	1

注：上三角和下三角分别为 2012 年和 2013 年各性状间的相关系数；*和**分别表示在 0.05 和 0.01 水平上相关显著

（三）两年株型性状对皮棉产量的通径分析

相关分析只反映了性状间的相互关系，并不能准确说明各性状对某一特定性状的贡献大小。通径分析可将性状间的相关系数分解为直接通径系数和间接通径系数，从而反映某一自变量对因变量的直接贡献和间接贡献（杜家菊和陈志伟，2010）。为此，进一步对棉花株型性状与皮棉产量进行了通径分析。表 3-8 列出了两年各株型性状对皮棉产量的通径分析结果。由表 3-8 得出，株高对皮棉产量的直接贡献 2012 年为负值、2013 年为正值，可通过主茎节长或果枝节间长度对皮棉产量起较大间接贡献。主茎节长对皮棉产量的直接贡献 2012 年为正值、2013 年为负值，可通过有效果枝数或株高对皮棉产量起较大间接贡献。主茎节间长度两年对皮棉产量的直接贡献均为负值，可通过主茎节长或株高对皮棉产量起较大间接贡献。总果枝数两个年份对皮棉产量的直接贡献均为负值，可通过有效果枝数对皮棉产量起较大间接贡献。有效果枝数两年对皮棉产量的直接贡献均为正值，可通过主茎节长或果枝节间长度对皮棉产量起较大间接贡献。果枝长度两年对皮棉产量的直接贡献均为负值，可通过有效果枝数或果枝节间长度对皮棉产量起较大间接贡献。果枝节间长度两年对皮棉产量的直接贡献均为正值，可通过有效果枝数对皮棉产量起较大间接贡献。果枝夹角两年对皮棉产量的直接贡献均为正值，可通过有效果枝数或主茎节间长度对皮棉产量起较大间接贡献。

表 3-8　两年株型性状对皮棉产量的通径分析

自变量	直接通径系数	间接通径系数							
		$X_1 \to Y$	$X_2 \to Y$	$X_3 \to Y$	$X_4 \to Y$	$X_5 \to Y$	$X_6 \to Y$	$X_7 \to Y$	$X_8 \to Y$
$X_1 \to Y$	a）−0.2054	—	0.3754	−0.1238	−0.1416	0.1356	−0.0033	0.0326	−0.0056
	b）0.4291	—	−0.0523	−0.3417	−0.0639	0.1378	−0.0852	0.1587	−0.0032
$X_2 \to Y$	a）0.3889	−0.1983	—	−0.1251	−0.1510	0.1132	−0.0026	0.0222	−0.0112
	b）−0.0548	0.4092	—	−0.3238	−0.0972	0.2070	−0.0801	0.1677	−0.0035
$X_3 \to Y$	a）−0.1705	−0.1492	0.2855	—	0.0957	−0.1065	−0.0017	0.0178	−0.0133
	b）−0.4389	0.3341	−0.0405	—	0.1004	−0.0798	−0.0965	0.1666	−0.0044
$X_4 \to Y$	a）−0.3418	−0.0851	0.1719	0.0478	—	0.3068	−0.0016	0.0073	0.0004
	b）−0.2751	0.0997	−0.0194	0.1602	—	0.3952	0.0221	−0.0041	0.0015
$X_5 \to Y$	a）0.6596	−0.0422	0.0667	0.0275	−0.1590	—	−0.0028	0.0529	0.0129
	b）0.6402	0.0924	−0.0177	0.0547	−0.1698	—	−0.0389	0.1163	0.0007
$X_6 \to Y$	a）−0.0089	−0.0759	0.1141	−0.0315	−0.0609	0.2098	—	0.1120	0.0439
	b）−0.1877	0.1947	−0.0234	−0.2256	0.0324	0.1327	—	0.2209	−0.0023
$X_7 \to Y$	a）0.1465	−0.0457	0.0590	−0.0207	−0.0171	0.2382	−0.0068	—	0.0465

续表

自变量	直接通径系数	间接通径系数							
		$X_1{\to}Y$	$X_2{\to}Y$	$X_3{\to}Y$	$X_4{\to}Y$	$X_5{\to}Y$	$X_6{\to}Y$	$X_7{\to}Y$	$X_8{\to}Y$
$X_7{\to}Y$	b）0.3583	0.1901	−0.0257	−0.2041	0.0032	0.2078	−0.1157	—	−0.0038
$X_8{\to}Y$	a）0.1206	0.0095	−0.0362	0.0139	−0.0012	0.0704	−0.0033	0.0565	—
	b）0.0170	−0.0799	0.0113	0.1137	−0.0241	0.0254	0.0257	−0.0812	—

　　注：X_1、X_2、X_3、X_4、X_5、X_6、X_7、X_8、Y 分别为株高、主茎节长、主茎节间长度、总果枝数、有效果枝数、果枝长度、果枝节间长度、果枝夹角、皮棉产量；a）和 b）分别表示 2012 年和 2013 年

（四）两年株型性状对皮棉产量的回归分析

　　由于影响棉花皮棉产量的性状很多，这些性状很可能存在多重共线性。为避免发生多重共线性现象，采用多元逐步回归对早熟性状与皮棉产量进行了回归分析（表 3-9）。由回归方程得出，2012 年总果枝数（X_4）、有效果枝数（X_5）和果枝节间长度（X_7）对皮棉产量有极显著影响，其中有效果枝数和果枝节间长度为正向，总果枝数为负向；2013 年有效果枝数（X_5）、果枝长度（X_6）和果枝节间长度（X_7）对皮棉产量有极显著影响，其中有效果枝数和果枝节间长度为正向，果枝长度为负向。结果与相关、通径分析吻合。

表 3-9　两年株型性状对皮棉产量的回归分析

年份	回归方程	R^2（决定系数）	显著水平
2012	$Y=8.1784-1.6469X_4+3.2720X_5+1.2394X_7$	0.4443	$P<0.01$
2013	$Y=-21.3434+3.0378X_5-0.2034X_6+2.7590X_7$	0.5212	$P<0.01$

三、结论与讨论

（一）性状变异及相互间关系为性状选择提供参考

　　作物株型多属于数量性状，受基因型和环境共同控制。株型又与其他性状如产量、纤维品质、抗性等存在相关关系，在水稻、小麦、玉米等禾谷类作物上已有较多报道（Yan et al.，2012；Kulwal et al.，2003；张采波等，2009）。了解性状的变异和相互间的关系，有助于对性状选择提供科学决策。变异分析得出，2012年各性状的变异系数由高到低依次为皮棉产量、果枝长度、有效果枝数、果枝节间长度、主茎节长、株高、主茎节间长度、总果枝数和果枝夹角，2013 年除主茎节间长度的变异系数排序中有所提高外，其余性状的排序没有改变，说明棉花株型性状和皮棉产量的变异年度间差别不大。性状的变异程度反映了其受基因型和

环境的影响程度，变异程度大的性状应在较大的后代群体中进行选择，反之亦然。相关分析表明，两年各株型性状与皮棉产量的相关基本一致，其中，株高和总果枝数均与皮棉产量呈不显著或显著正相关，与多数学者结论一致（程备久和赵伦一，1991；汤飞宇等，2009；Rauf et al.，2004；李爱莲和蔡以纯，1990）；有效果枝数和果枝节间长度均与皮棉产量呈极显著正相关，说明它们与皮棉产量关系非常密切，通过增加有效果枝数和果枝节间长度可提高皮棉产量。

（二）提高有效果枝数和果枝节间长度可促进皮棉产量

通径分析结果表明，两年除株高和主茎节长对皮棉产量的直接贡献年度间方向相反，其他株型性状对皮棉产量的直接贡献均方向一致（均正或均负）。两年对皮棉产量的直接贡献最大的性状均为有效果枝数，其次为果枝节间长度；主茎节间长度对皮棉产量的直接贡献均为负值，但可通过主茎节长或株高使皮棉产量有较大提升，这与汤飞宇等（2009）的报道一致。两年总果枝数对皮棉产量的直接贡献均为负值，果枝夹角对皮棉产量的直接贡献均为正值，这与前人的一些结果不一致（程备久和赵伦一，1991），可能与各自采用的试验材料有关。本研究选用来自我国各大棉区及国外引进的 172 份陆地棉骨干品种（系）进行分析，材料的遗传背景丰富，结果具有较高的可信度。回归分析与相关、通径分析结果吻合，表明可以通过提高有效果枝数和果枝节间长度、降低总果枝数或果枝长度促进皮棉产量。百棉 1 号是本试验中皮棉产量最高的品种（两年平均 46.97g），其株型表现为株高适中（两年平均 113.39cm），茎秆粗壮抗倒伏，果枝上举，株型清秀，通风透光好，有效果枝数多（两年平均 12.94cm）（李成奇等，2010）。因此，棉花株型育种尤其要重视有效果枝数的选择。本研究中提高果枝节间长度和降低果枝长度促进皮棉产量是不矛盾的。郝良光（2007）的研究表明，棉株外围铃脱落远远高于内围铃。因此，提高果枝节间长度、减少易脱落的外围果枝长度，可以降低田间遮阴率，提高养分利用率，达到增产目的。近年来，随着分子生物学的迅速发展，利用分子标记鉴定棉花株型性状 QTL 已有较多报道（Wang et al.，2006；王新坤等，2011；Song and Zhang，2009；Li et al.，2014a，2014b），如王新坤等（2011）以陆地棉遗传标准系 TM-1 和经 ^{60}Coγ 射线照射获得的矮秆突变体 Ari1327 为材料，利用 SSR 分子标记和 F_2 群体鉴定到 4 个株高 QTL，可解释的联合表型贡献率达 74.53%。这些研究使在分子水平上剖析株型与产量间的关系成为可能，结合常规选择，最终实现棉花株型育种的重大突破。

第四节　陆地棉杂交 F_2 代主要农艺性状与皮棉产量的关系分析

高产依然是棉花育种的主要目标。多年来，诸多学者利用不同分析方法、不同材料研究了棉花农艺性状与产量的关系。师维军（1998）、张德贵等（2003）、曹雯梅等（2006）、姜伟和陆建农（2007）、Wu 等（2008）、李成奇等（2009）从相关和通径分析方面研究了棉花主要农艺性状对皮棉产量的影响，承泓良等（1988）、冯复全等（2004）、韩永亮等（2009）从关联度方面研究了棉花主要农艺性状与皮棉产量的密切关系，蔡应繁等（1996）从主成分和典型相关方面研究了棉花早熟性与产量性状间的关系，王治中等（2004）研究了主要性状时间序列的变化趋势对棉花产量的影响，刘昌文等（2008）利用多项式趋势研究了主要农艺性状阶段性变化趋势对皮棉产量的影响，这些研究对指导棉花产量育种做出了重要贡献。然而，棉花的育种目标性状多属复杂的数量性状，受基因型和环境共同控制，各研究结果常因供试材料、试验地点和年份、统计分析方法的不同而不尽一致。目前对棉花数量性状间关系的研究多以遗传性较为稳定、纯合的自交系品种（系）或杂交种为试验材料，用其得出的结论指导遗传性尚未纯合和稳定的杂交后代的选择，往往针对性不强、选择效率不高（中国农业科学院棉花研究所，2003）。因此，利用杂交后代进行棉花主要性状间的关系研究十分必要。

　　本试验采用两个陆地棉组合百棉 1 号×TM-1 和百棉 1 号×中棉所 12 的杂交 F_2 代群体为材料，研究了棉花主要农艺性状及其与皮棉产量的相关关系，分析了各性状对皮棉产量的贡献和影响，为指导棉花杂交后代的性状选择和高产育种提供理论依据。

一、材料与方法

（一）材料

　　百棉 1 号是由河南科技学院棉花研究所 2004 年育成的丰产、优质陆地棉品种（王清连，2004），TM-1（陆地棉遗传标准系）来自美国农业部南方平原农业研究中心作物种质资源实验室，中棉所 12 来自中国农业科学院（以下简称中国农科院）棉花研究所。

（二）方法

　　2008 年夏分别配制百棉 1 号×TM-1（组合Ⅰ）和百棉 1 号×中棉所 12（组合Ⅱ），获得 F_1，冬季海南加代获得 F_2。2009 年在河南科技学院棉花育种试验田种植 2 个组合的 F_2 群体，播种时间为 4 月 28 日，大田常规管理。收花分两次进行，最后一次收花时间为 10 月 20 日。按单株分别考查株高、主茎节间长度、总果枝数、有效果枝数、总果节数、单株铃数、铃重、衣分和皮棉产量等共 9 个农艺性状。利用 SPSS13.0 软件进行性状的相关、偏相关、通径和回归分析。

二、结果与分析

（一）主要农艺性状的相关分析

将 2 个组合 F_2 代主要农艺性状的相关分析列于表 3-10。由表得出，2 个组合非产量性状间，除主茎节间长度与有效果枝数、总果节数在组合Ⅰ和组合Ⅱ中分别呈正相关和负相关外，其他非产量性状的相关 2 个组合趋势一致，其中，株高与主茎节间长度、总果枝数、有效果枝数、总果节数均呈正相关，主茎节间长度与总果枝数均呈负相关，总果枝数与有效果枝数、总果节数均呈正相关，有效果枝数与总果节数均呈正相关。2 个组合产量构成因素性状间的相关基本一致，仅存在显著与非显著之分，其中，单株铃数与铃重、衣分均呈正相关，铃重与衣分均呈负相关。2 个组合各农艺性状与皮棉产量间，除主茎节间长度与皮棉产量在组合Ⅰ和组合Ⅱ中分别呈显著正相关和显著负相关外，其余性状与皮棉产量均呈显著或极显著正相关。

表 3-10　2 个组合 F_2 代主要农艺性状的相关分析

性状	株高	主茎节间长度	总果枝数	有效果枝数	总果节数	单株铃数	铃重	衣分	皮棉产量
株高	1	0.517**	0.667**	0.561**	0.614**	0.525**	0.156*	−0.059	0.524**
主茎节间长度	0.483**	1	−0.067	0.025	0.138	0.191**	0.147*	0.012	0.256**
总果枝数	0.417**	−0.458**	1	0.733**	0.709**	0.494**	0.064	−0.053	0.415**
有效果枝数	0.287**	−0.391**	0.749**	1	0.699**	0.750**	0.110	0.045	0.633**
总果节数	0.358**	−0.100	0.480**	0.440**	1	0.720**	0.241**	−0.048	0.671**
单株铃数	0.182*	−0.215**	0.333**	0.500**	0.558**	1	0.224**	0.049	0.837**
铃重	0.129	0.110	−0.014	0.009	0.212**	0.130	1	−0.077	0.257**
衣分	−0.159*	−0.127	0.027	0.043	0.050	0.130	−0.080	1	0.266**
皮棉产量	0.210**	−0.228**	0.345**	0.467**	0.552**	0.791**	0.351**	0.274**	1

注：上三角和下三角分别为组合Ⅰ和组合Ⅱ各性状间的相关系数；*和**分别表示在 0.05 和 0.01 水平上相关显著

（二）主要农艺性状对皮棉产量的偏相关和通径分析

相关分析仅反映了性状间的相互关系，并不能准确说明各性状对某一特定性状的贡献大小。为此，进一步对 2 个组合 F_2 代各农艺性状与皮棉产量作了偏相关和通径分析（表 3-11）。结果表明，2 个组合中主茎节间长度、总果枝数对皮棉产量的偏相关和直接通径系数均为负值，株高、有效果枝数、总果节数、单株铃数、铃重、衣分对皮棉产量的偏相关和直接通径系数均为正值。非产量性状对皮棉产量的偏相关系数由大到小在组合Ⅰ中依次为总果节数、株高、有效果枝数、主茎节间长度、总果枝数，在组合Ⅱ中依次为株高、总果节数、有效果枝数、总果枝数、主茎节间长度。直接通径系数与偏相关系数结果趋势一致。2 个组合主茎节间长度对皮棉产量的直接通径系数均为负值，但在组合Ⅰ中可通过单株铃数对皮棉产量有较大促进作用，在组合Ⅱ中株高对皮棉产量有较大促进作用。2 个组合总果枝数对皮棉产量的直接通径系数均为负值，但均可通过单株铃数对皮棉产量有较大促进作用。产量构成因素对皮棉产量的直接通径系数由大到小在组合Ⅰ中依次为单株铃数、衣分、铃重，在组合Ⅱ中依次为单株铃数、铃重、衣分。

表 3-11 2 个组合 F_2 代主要农艺性状对皮棉产量的偏相关和通径分析

自变量	偏相关系数	直接通径系数	间接通径系数							
			$1{\to}Y$	$2{\to}Y$	$3{\to}Y$	$4{\to}Y$	$5{\to}Y$	$6{\to}Y$	$7{\to}Y$	$8{\to}Y$
X_1, $1{\to}Y$ a)	0.170*	0.1653*	—	-0.0026	-0.1058	0.0039	0.1271	0.3405	0.0102	-0.0147
b)	0.253**	0.2640**		-0.1340	-0.0814	0.0228	0.0315	0.1084	0.0342	-0.0352
X_2, $2{\to}Y$ a)	-0.007	-0.0050	0.0854	—	0.0106	0.0002	0.0285	0.1237	0.0097	0.0029
b)	-0.262**	-0.2775**	0.1275		0.0892	-0.0310	-0.0088	-0.1281	0.0292	-0.0281
X_3, $3{\to}Y$ a)	-0.154*	-0.1586*	0.1103	0.0003	—	0.0051	0.1468	0.3202	0.0042	-0.0133
b)	-0.168*	-0.1949*	0.1102	0.1270		0.0593	0.0422	0.1988	-0.0038	0.0060
X_4, $4{\to}Y$ a)	0.008	0.0069	0.0928	-0.0001	-0.1163	—	0.1446	0.4866	0.0072	0.0113
b)	0.098	0.0792	0.0759	0.1085	-0.1459		0.0387	0.2984	0.0024	0.0096
X_5, $5{\to}Y$ a)	0.239**	0.2069**	0.1015	-0.0007	-0.1125	0.0048	—	0.4671	0.0158	-0.0120
b)	0.132	0.0879	0.0946	0.0277	-0.0935	0.0349		0.3328	0.0562	0.0110
X_6, $6{\to}Y$ a)	0.613**	0.6485**	0.0868	-0.0009	-0.0783	0.0052	0.1490	—	0.0147	0.0124
b)	0.670**	0.5966**	0.0480	0.0596	-0.0649	0.0396	0.0490		0.0345	0.0288
X_7, $7{\to}Y$ a)	0.135	0.0657	0.0258	-0.0007	-0.0101	0.0008	0.0498	0.1453	—	-0.0192
b)	0.463**	0.2652**	0.0340	-0.0306	0.0028	0.0007	0.0186	0.0776		-0.0176
X_8, $8{\to}Y$ a)	0.471**	0.2499**	-0.0097	-0.0001	0.0085	0.0003	-0.0099	0.0321	-0.0050	—
b)	0.402**	0.2215**	-0.0420	0.0353	-0.0052	0.0034	0.0044	0.0776	-0.0211	

注：X_1、X_2、X_3、X_4、X_5、X_6、X_7、X_8、Y 分别为株高、主茎节间长度、总果枝数、有效果枝数、总果节数、单株铃数、铃重、衣分、皮棉产量；a) 和 b) 分别表示组合Ⅰ和组合Ⅱ；*和**分别表示在 0.05 和 0.01 水平上显著

（三）主要农艺性状对皮棉产量的回归分析

为进一步明确棉花产量育种的主攻方向，进行了各农艺性状对皮棉产量的回归分析。由于影响棉花皮棉产量的性状较多，这些性状很可能存在多重共线性，为避免发生多重共线性现象，本研究在回归分析中采用多元逐步回归。由结果得出，组合Ⅰ中主茎节间长度、总果节数、单株铃数、铃重和衣分对皮棉产量有显著影响，均为正向，回归方程为 $Y=-50.623+1.634X_2+0.157X_5+1.221X_6+0.814X_7+$

$0.900X_8$，R^2（决定系数）=0.782（$P<0.01$）；组合 Ⅱ 中总果枝数、单株铃数、铃重和衣分对皮棉产量有显著影响，均为正向，回归方程为 $Y=-78.682+0.839X_3+1.493X_6+5.635X_7+1.071X_8$，$R^2$（决定系数）=0.739（$P<0.01$）。

三、结论与讨论

（一）棉花杂交后代群体性状间的一般规律和特殊规律

承泓良等（1991）曾对棉花产量与纤维品质进行了典型相关分析，提出了棉花性状相关性的一般规律和特殊规律。一般规律指性状间普遍存在的相关性，特殊规律指具有不同遗传背景的群体导致性状相关的主要原因不同。目前对棉花育种目标性状的研究多是以纯系品种或高世代品系为材料的（师维军，1998；姜伟和陆建农，2007；李成奇等，2009），由此得出的性状间相关性结论只能称为一般规律。杂交育种的选择对象主要是杂种群体，由品种（系）群体得出的相关性结论来指导杂种群体的选择显然是缺乏针对性的（冷苏凤等，1998）。本研究采用两个陆地棉杂交组合的 F_2 群体为材料，分析了棉花主要农艺性状与皮棉产量的相关关系，探讨了棉花杂交后代群体性状间的一般规律和特殊规律。结果表明在 2 个组合中，非产量性状间，株高与主茎节间长度、总果枝数、有效果枝数、总果节数均呈正相关，主茎节间长度与总果枝数均呈负相关，总果枝数与有效果枝数、总果节数均呈正相关，有效果枝数与总果节数均呈正相关；产量构成因素性状间，单株铃数与铃重、衣分均呈正相关，铃重与衣分均呈负相关；除主茎节间长度外其他性状与皮棉产量均呈显著或极显著正相关，此可以称为一般规律。主茎节间长度与有效果枝数、总果节数、皮棉产量在不同组合中表现出正负相关的明显差别，此为特殊规律。

（二）杂交后代群体中主要农艺性状对皮棉产量的影响

综合相关、偏相关和通径分析结果可知，2 个组合中，株高、总果节数、有效果枝数、单株铃数、铃重、衣分与皮棉产量的相关系数、偏相关系数、直接通径系数均为正值，对这些性状直接选择是有效的；总果枝数与皮棉产量的相关系数均为正值，偏相关系数、直接通径系数虽均为负值，但可通过单株铃数对皮棉产量起较大促进作用；主茎节间长度与皮棉产量在不同组合中呈正负相关的明显差异，偏相关系数、通径系数均为负值，在不同组合中可分别通过单株铃数和株高对皮棉产量起较大促进作用。回归分析进一步明确了不同组合单株铃数、铃重和衣分对皮棉产量有正向显著影响；主茎节间长度、总果节数和总果枝数对皮棉产量的正向影响因不同组合而存在差别。以上结果表明，在育种工作中，既要考虑性状在不同组合中的一般规律及共性特点，又要考虑特殊规律及个性特点，以此来进行棉花杂交后代的性状选择，才能有效提高育种效率。

参 考 文 献

包和平，王晓丽，李春成，等. 2007. 玉米抗螟性主基因-多基因混合遗传分析. 吉林农业大学学报，29（3）：253-255

蔡应繁，谭永久，何洪华. 1996. 短季棉与早熟性、产量和纤维品质的主成分和典型相关分析. 西南农业大学学报，18（4）：346-348

曹雯梅，黄爱云，任景荣，等. 2006. 抗虫杂交棉农艺性状间相关和通径分析. 中国棉花，（7）：25-26

陈立昶，俞敬忠，吉守银，等. 1998. 泗棉 3 号品种的选育技术. 棉花学报，10（1）：20-25

承泓良，狄文枝，陈祥龙. 1994. 短季棉育种与栽培. 南京：江苏科学技术出版社

承泓良，刘桂玲，唐灿明，等. 1991. 棉花产量与纤维品质的典型相关分析. 江苏农业学报，7（增刊）：1-5

承泓良，张治伟，刘桂玲，等，1988. 灰色关联度在棉花育种方面的初步应用. 中国棉花，（3）：13-14

程备久，赵伦一. 1991. 陆地棉产量纤维品质和株型性状的多元相关分析. 上海农业学报，7（3）：29-35

杜家菊，陈志伟. 2010. 使用 SPSS 线性回归实现通径分析的方法. 生物学通报，45（2）：4-6

杜明伟，杨富强，吴宁段，等. 2012. 长江中下游棉花产量相关性状研究及棉太金的调控作用. 中国棉花，39（6）：15-19

冯复全，吕双俊，谢德意，等. 2004. 陆地棉杂交种皮棉产量与相关性状间的关联度分析. 中国棉花，31（1）：16-18

付远志，李鹏云，王浩丽，等. 2016. 陆地棉品种（系）资源株型性状与皮棉产量的关系. 西南农业学报，29（9），2063-2067

盖钧镒，章元明，王建康. 2003. 植物数量性状遗传体系. 北京：科学出版社：224-260

葛秀秀，张立平，何中虎，等. 2004. 冬小麦 PPO 活性的主基因+多基因混合遗传分析. 作物学报，30（1）：18-20

顾慧，戚存扣. 2008. 甘蓝型油菜（*Brassica napus* L.）抗倒伏性状的主基因+多基因遗传分析. 作物学报，34（3）：376-381

顾慧，戚存扣. 2009. 甘蓝型油菜（*Brassica napus* L.）抗倒伏性状的 QTL 分析. 江苏农业学报，25（3）：484-489

韩永亮，李世云，杨玉枫，等. 2009. 棉花产量与主要农艺性状的灰色关联度分析. 河北农业科学，13（6）：22-23

郝良光. 2007. 从株式图分析抗虫棉的蕾铃脱落及成铃分布. 江西棉花，29（1）：16-19

黄中文，赵团结，喻德跃，等. 2008，大豆抗倒伏性的评价指标及其 QTL 分析. 作物学报，34（4）：605-611

姜伟，陆建农. 2007. 棉花自交系农艺性状的遗传相关性和通径分析. 新疆农业科学，44（1）：106-108

冷苏凤，何旭平，潘光照，等. 1998. 性状相关分析在棉花育种上的意义. 江西棉花，（4）：3-6

李爱莲，蔡以纯．1990，棉花若干性状对产量形成的作用．棉花学报，2（1）：67-74

李成奇，郭旺珍，马晓玲，等．2008．陆地棉衣分差异群体产量及产量构成因素的 QTL 标记和
　　定位．棉花学报，20（3）：163-169

李成奇，郭旺珍，张天真．2009．衣分不同陆地棉品种的产量及产量构成因素的遗传分析．作
　　物学报，35（11）：1990-1999

李成奇，王清连，董娜，等．2010．陆地棉品种百棉 1 号主要株型性状的遗传研究．棉花学报，
　　22（5）：415-421

李成奇，王清连，董娜，等．2011．棉花株型性状的遗传分析．江苏农业学报，27（1）：25-30

李成奇，王清连，彭武丽，等．2010．陆地棉杂交 F_2 代主要农艺性状与皮棉产量的关系分析．贵
　　州农业科学，38（9）：14-16

李广军，程利国，张国政，等．2008．大豆对豆卷叶螟抗性的主基因＋多基因混合遗传．大豆
　　科学，27（1）：33-41

李瑞生，王可利，刘炳炎．2007．棉花双株型栽培体系研究初报．作物杂志，5：69-70

李万昌．2009．小麦株型与产量结构间的协调性分析．江苏农业学报，25（5）：966-970

李余生，朱镇，张亚东，等．2008．水稻稻曲病抗性的主基因+多基因混合遗传模型分析．作
　　物学报，34（10）：1728-1733

刘昌文，张燕，宋义前．2008．新疆早熟棉花主要农艺性状相关性及多项式趋势分析．天津农
　　业科学，14（3）：11-16

刘贞贞，平文超，张忠波，等．2014．抗虫棉多茎株型栽培技术研究．中国农学通报，30（30）：
　　142-146

罗庆云，於丙军，刘友良，等．2004．栽培大豆耐盐性的主基因+多基因混合遗传分析．大豆
　　科学，23（4）：239-244

马限均，马文波，明东风，等．2006．重穗型水稻株型特性研究．中国农业科学，39（4）：679-685

南殿杰，赵海祯，吴云康，等．1995．棉花株型栽培的增产机理及技术研究．棉花学报，7（4）：
　　238-242

任颐，张敬之，崔世界，等．1991．不同株型棉种产量结构模式的研究和应用．种子，1：20-24

任颐，张敬之，黄慧明．1990．不同株型对棉种产量和品质影响的研究．种子，3：20-26

师维军．1998．新疆陆地棉早熟性与农艺性状相关关系的研究．中国棉花，25（4）：17-18

宋凤斌，童淑媛．2010．不同株型玉米的干物质积累、分配及转运特征．江苏农业学报，26（1）：
　　700-705

宋丽，郭旺珍，张天真．2008．利用显性光子突变体 N_1 进行陆地棉衣分性状的遗传研究．分
　　子植物育种，6（6）：1101-1106

苏祖芳，许乃霞，孙成明，等．2003．水稻抽穗后株型指标与产量形成关系的研究．中国农业
　　科学，36（1）：115-120

谈春松．1993．棉花株型栽培研究．中国农业科学，26（4）：36-43

汤飞宇，付雪琴，王晓芳，等．2009．产量因子和形态性状对高品质抗虫杂交棉皮棉产量的影
　　响．作物杂志，（3）：68-70

汤飞宇，莫旺成，王晓芳，等．2011．高品质陆地棉与转 Bt 基因抗虫棉杂交株型性状的遗传及
　　与产量性状的关系．中国农学通报，27（1）：79-83

田志刚，张淑芳．1999．短季棉株型性状与经济性状关系初探．中国棉花，26（2）：18-19

王清连．2004．棉花新品种百棉1号选育报告．河南职业技术师范学院学报，32（3）：1-3

王新坤，潘兆娥，孙君灵，等．2011．陆地棉矮秆突变体株高和纤维品质的QTL定位及相关性研究．核农学报，25（3）：448-455

王秀萍，刘天学，李潮海，等．2010．遮光对不同株型玉米品种农艺性状和果穗发育的影响．江西农业学报，22（1）：5-7

王治中，刘秀菊，李伟明，等．2004．黄河流域棉花品种主要性状时间序列的变化趋势分析．棉花学报，16（6）：328-332

吴纪中，颜伟，蔡士宾，等．2005．小麦纹枯病抗性的主基因+多基因遗传分析．江苏农业学报，21（1）：6-11

杨万玉，周桂生，陈源，等．2001．高产棉花株型与产量关系的研究．江苏农业科学，2：29-32

杨晓军，路明，张世煌，等．2008．玉米株高和穗位高的QTL定位．遗传，30（11）：1477-1486

叶子弘，朱军．2001．陆地棉开花成铃性状的遗传研究Ⅱ．不同果枝节位的遗传规律．作物学报，27（2）：243-252

于强，王天铎，刘建栋，等．1998．玉米株型与冠层光合作用的数学模拟研究——Ⅰ模型与验证．作物学报，24（1）：7-15

喻树迅，黄祯茂．1990．短季棉品种早熟性构成因素的遗传分析．中国农业科学，23（6）：48-54

张采波，吴章东，徐魏，等．2009．玉米自交系空间诱变后代主要性状的遗传相关及通径分析．核农学报，23（5）：809-811

张德贵，孔繁玲，张群远，等．2003．建国以来我国长江流域棉区棉花品种的遗传改良．Ⅰ．产量及产量组分性状的改良．作物学报，29（2）：208-215

张巨松，徐骞，马雪梅．2003．化学调控对海岛棉株型和产量的影响．新疆农业大学学报，26（4）：13-15

张兰萍，唐朝晖，逯成芳，等．2007．超级小麦理想株型品种选育初探．山西农业科学，35（1）：26-27

张培通，朱协飞，郭旺珍，等．2006．高产棉花品种泗棉3号产量及其产量构成因素的遗传分析．作物学报，32（7）：1011-1017

张培通，朱协飞，郭旺珍，等．2006．泗棉3号理想株型的遗传及分子标记研究．棉花学报，18（1）：13-18

张子军，冯永祥，荆彦辉，等．2009．水稻株型与品质关系的研究．江苏农业科学，（1）：62-65

章元明．2001．植物数量性状遗传分离分析法的改进与拓展．南京：南京农业大学博士学位论文

章元明，盖钧镒，王永军．2001．利用P₁、P₂和DH或RIL群体联合分离分析的拓展．遗传，23（5）：467-470

郑毅，张立军，崔振海，等．2010．种植密度对不同株型夏玉米冠层光合势的影响．江苏农业科学，121（3）：116-118

中国农业科学院棉花研究所．2003．中国棉花遗传育种学．济南：山东科学技术出版社：69

周桂生，林岩，童晨，等．2011．钾肥和缩节胺对高品质棉株型和产量的影响．湖北农业科学，50（23）：4801-4803

朱高岭，王春虎，郭秀华，等．2008．百棉2号生育特性的初步研究．河南农业科学，37（4）：47-50

Gai JY, Wang JK. 1998. Identification and estimation of a QTL model and its effects. Theor Appl

Genet, 97(7): 1162-1168

Jiang CJ, Pan XB, Gu MH. 1994. The use of mixture models to detect effects of major genes on quantitative characters in a plant breeding experiment. Genetics, 136(1): 383-394

Kearsey MJ, Farquhar AG. 1998. QTL analysis in plants: Where are we now? Heredity, 80(2): 137-142

Kulwal PL, Roy JK, Balyan HS, et al. 2003. QTL mapping for growth and leaf characters in bread wheat. Plant Sci, 164(2): 267-277

Li CQ, Song L, Zhao HH, et al. 2014. Identification of quantitative trait loci with main and epistatic effects for plant architecture traits in upland cotton (*Gossypium hirsutum* L.). Plant Breeding, 133(133): 390-400

Perreira MG, Lee M. 1995. Identification of genomic regions affecting plant height in sorghum and maize. Theor Appl Genet, 90(3): 380-388

Rauf S, Khan TM, Sadaqat HA, et al. 2004. Correlation and path coefficient analysis of yield components in cotton (*Gossypium hirsutum* L.). Int J Agric Biol, 6(4): 686-688

Song WY, Wang GL, Chen LL, et al. 1995. A receptor kinase-like protein encoded by the rice disease resistance gene, *Xa21*. Science, 270(270): 1804-1806

Song XL, Guo WZ, Han ZG, et al. 2005. Quantitative trait loci mapping of leaf morphological traits and chlorophyll content in cultivated tetraploid cotton. J Integr Plant Biol, 47(11): 1382-1390

Song XL, Zhang TZ. 2009. Quantitative trait loci controlling plant architectural traits in cotton. Plant Sci, 177(4): 317-323

Tang FY, Wang XF, Mo WZ. 2009. Relation analysis of several agronomic traits and single plant lint yield in upland cotton with high quality. Agricultural Science & Technology, 10(2): 90-92

Wang BH, Wu YT, Huang NA, et al. 2006. QTL mapping for plant architecture traits in upland cotton using RILs and SSR markers. Acta Genetica Sinica, 32(2): 161-170

Wang J, Podlich DW, Cooper M, et al. 2001. Power of the joint segregation analysis method for testing mixed major-gene and polygene inheritance models of quantitative traits. Theor Appl Genet, 103(5): 804-816

Wu JX, Jenkins JN, Mccarty JC, et al. 2008. Genetic association of lint yield with its components in cotton chromosome substitution lines. Euphytica, 164(1): 199-207

Yan WG, Hu BL, Zhang QJ, et al. 2012. Short and erect rice (ser) mutant from 'Khao Dawk Mali 105' improves plant architecture. Plant Breeding, 131(2): 282-285

Yu JZ, Ulloa M, Hoffman SM, et al. 2014. Mapping genomic loci for cotton plant architecture, yield components, and fiber properties in an interspecific (*Gossypium hirsutum* L. × *G. barbadense* L.) RIL population. Mol Genet Genomics, 289(6): 1347-1367

Zhuang JY, Lin HX, Lu J, et al. 1997. Analysis of QTL×environment interaction for yield components and plant height in rice. Theor Appl Genet, 95(5-6): 799-808

第四章　棉花株型性状的连锁作图

第一节　基于百棉 1 号×TM-1 的棉花株型性状 QTL 定位

棉花是最重要的经济作物之一，在热带和亚热带地区广泛种植。近年来，由于棉花生产和纺织工业的需求，提高棉花的产量和品质日趋重要（Shen et al.，2005）。株型是植物各部分的空间分布，是影响作物产量和品质的重要农艺性状。它可以最大限度地减小群体中个体之间的竞争，影响光合作用和植物生长，最终产生最大的经济效益。株型育种是改善棉花产量和纤维品质的有效途径（Wang et al.，2006；Song and Zhang，2009）。棉花株型是由多种因素决定的，包括株高、主茎节长、主茎节间长度、总果枝数、有效果枝数、果枝长度、果枝节数、果枝节间长度、总果节数和果枝夹角等。棉花理想株型因不同的生态环境和耕作制度而存在差别（Wang et al.，2006；张培通等，2006；Song and Zhang，2009）。因此，解析棉花株型性状的遗传基础对塑造不同棉花理想株型至关重要。

目前已有一些研究解析棉花株型遗传基础，棉花株型性状普遍存在超亲分离（Wang et al.，2006；张培通等，2006；Song and Zhang，2009；Li et al.，2014）。李成奇等（2010）报道，总果枝数、株高、主茎节间长度和果枝节数主要受主基因控制，果枝夹角主要是由多基因控制。他们还报道，有效果枝数属于典型的主基因遗传，而果枝节间长度属于典型的多基因遗传，果枝长度和株高/果枝长度的遗传受主基因与多基因共同控制。这些结果表明棉花株型性状均属复杂的数量性状。

分子标记技术的发展和高密度遗传图谱的绘制为阐明数量性状的遗传基础提供了有力工具。数量性状基因（QTL）作图已经成功地应用在许多作物上包括水稻（Kanbe et al.，2008）、玉米（Ku et al.，2010）和小麦（Liu et al.，2011）等。在棉花上，前人已对株型性状进行了研究。张培通等（2006）利用陆地棉重组自交系群体检测到 3 个株高 QTL，2 个果枝长度 QTL 和 3 个株高/果枝长度 QTL。Wang 等（2006）利用另一个陆地棉重组自交系群体鉴定到 3 个果枝长度 QTL 和 1 个株高/果枝长度 QTL。Song 和 Zhang（2009）利用陆地棉及海岛棉种间杂交群体检测到分布在棉花 15 条染色体上的 6 个株型性状（果枝始节、主茎叶片大小、株高、主茎节间长度、果枝夹角和果枝节间长度）。Li 等（2013）利用 2 个陆地棉 $F_{2:3}$ 群体检测到 5 个株高 QTL、10 个主茎节长 QTL、6 个主茎节间长度 QTL、9 个总果枝数 QTL、3 个有效果枝数 QTL、8 个果枝长度 QTL、8 个果枝节数 QTL、8 个果枝节间长度 QTL、10 个总果节数 QTL 和 6 个果枝夹角 QTL。虽然这些研究能检测到棉花株型性状的

QTL，但可靠的 QTL 需要在不同世代、不同群体和不同环境中进行验证。

上位性即 2 个或多个位点等位基因之间的相互作用，可能对作物进化和性状变异起重要作用（Malmberg et al.，2005；Xu and Jia，2007；Lou et al.，2009；Zhang et al.，2012）。QTL 定位已成为探究复杂数量性状基因上位性的重要方法（Li et al.，2009；Mohan et al.，2009）。前人已对几个棉花株型性状进行了上位性 QTL 分析（Wang et al.，2006；Song and Zhang，2009）。

本研究利用陆地棉百棉 1 号×TM-1 的 F_2 和 $F_{2:3}$ 群体：①鉴定棉花株高、主茎节长、主茎节间长度、总果枝数、有效果枝数、果枝长度、果枝节数、果枝节间长度、总果节数和果枝夹角等 10 个株型性状的主效 QTL（M-QTL）及上位性 QTL（E-QTL）；②鉴定株型性状共同 QTL。研究结果为解析棉花株型性状的遗传基础和标记辅助选择提供了理论依据。

一、材料与方法

（一）材料

以两个陆地棉百棉 1 号和 TM-1 为亲本材料。百棉 1 号是河南科技学院采用系谱法育成的高产、优质、抗病虫陆地棉新品种，2009 年通过国家审定。百棉 1 号的选育成功是以塑造理想株型为突破口的，其株型表现为叶片中等偏大、缺刻偏浅，株高适中，茎秆粗壮抗倒伏，果枝上举，株型清秀，通风透光好，有效果枝数多（王清连，2004）。TM-1 是从商业品种岱字棉 14 中选育出的陆地棉遗传标准系（Kohel et al.，1970）。2008 年夏在河南新乡河南科技学院棉花育种试验站配制组合，以百棉 1 号与 TM-1 杂交获得 F_1 种子。2008 冬在海南三亚 F_1 自交获得 F_2 种子。2009 年夏，在河南新乡种植 F_2 单株（220 个）获得 $F_{2:3}$ 家系种子。2010 年夏种植 2 个亲本及 $F_{2:3}$ 家系（220 个）。完全随机区组设计，2 次重复，行长 5m，行距 0.8m，每行 14～16 株。大田常规管理。

（二）性状调查

在棉花吐絮期，分别考查 F_2 和 $F_{2:3}$ 家系的株高、主茎节长、主茎节间长度、总果枝数、有效果枝数、果枝长度、果枝节数、果枝节间长度、总果节数及果枝夹角等株型性状。F_2 按单株调查；$F_{2:3}$ 家系每行调查 10 株，取 2 次重复的平均值作为性状最终表型值。采用 SPSS 17.0 软件对表型数据进行统计分析。

（三）SSR 基因分型

利用改进的 CTAB 法（Paterson et al.，1993）提取亲本和 F_2 单株的基因组 DNA。选取 4083 对 SSR 引物包括 BNL、CER、CGR、CIR、CM、COT、DPL、DC、

GH、HAU、JESPR、MUCS、MUSB、MUSS、MGHES、NAU、SHIN、STV 和 TMB 对亲本进行多态性分析。为提高亲本间的多态性，这些引物主要选自棉花种间和种内的遗传图谱，以及前人已报道的与棉花重要农艺性状 QTL 连锁的分子标记（Zhang et al.，2003；Mei et al.，2004；Nguyen et al.，2004；Guo et al.，2007；李成奇等，2008；Qin et al.，2008；Jiang et al.，2009）。引物序列从棉花标记数据库（http://www.cottonmarker.org）下载，由南京金斯瑞生物科技有限公司合成。PCR 扩增和银染参照 Zhang 等（2002）的程序。

（四）QTL 作图

使用 Joinmap 3.0 软件构建遗传连锁图，LOD（logarithm of odds）值最低为 3.0，最大遗传距离为 50cM；利用 Windows QTL Cartographer 2.5（Basten et al.，2001）的复合区间作图法（CIM）（Zeng，1994）进行主效 QTL 定位，2.0<LOD<3.0 表示可能性 QTL（Lander and Kruglyak，1995）；通过 1000 次 permutation 确定 LOD 阈值，大于 LOD 阈值的 QTL 表示显著性 QTL（Churchill and Doerge，1994）。利用 IciMapping 3.2 的完备区间作图法（ICIM）（Meng et al.，2015）鉴定上位性 QTL（E-QTL）。逐步回归中模型的概率设置为 0.0001，扫描步长设置为 5。LOD 大于 5.0，表示显著性 E-QTL。不同群体检测到的相同性状 QTL，当它们的标记或置信区间重叠时，被称为"共同"QTL。

QTL 的命名采用水稻上常用的方法（Mccouch et al.，1997）。以字母"q"开头表示 QTL，后接性状名称的缩写，再接染色体或连锁群的编号，如果同一连锁群有两个以上相同性状的 QTL，则加字母"a"、"b"、"c"等加以区别。对照前人构建的异源四倍体棉花种间遗传图谱将连锁群定位到相应的染色体上（Han et al.，2004；Guo et al.，2007）。无法定位到染色体上的连锁群，将其定义为 LGX。

二、结果与分析

（一）性状表现

亲本、F_2 和 $F_{2:3}$ 群体的株型性状表现见表 4-1。10 个株型性状中，除主茎节间长度和果枝夹角外，其他 9 个性状的表型值百棉 1 号均高于 TM-1。除主茎节间长度和果枝节间长度外，其他 8 个性状在双亲间的差异均达显著或极显著水平，表明本研究选择的亲本材料有助于解析株型性状遗传基础。对 F_2 和 $F_{2:3}$ 两群体株型性状的统计结果表明，所有性状均呈连续性分布，表现出典型的数量性状正态分布特征。对 F_2 和 $F_{2:3}$ 群体所有性状进行了相关分析（表 4-2）。多数性状间呈显著或极显著正相关；F_2 群体的果枝夹角和果枝节间长度、$F_{2:3}$ 家系群体的果枝夹角和总果节数之间均呈显著负相关，2 个群体的果枝节间长度和果枝节数均呈显著负相关。

表 4-1　百棉 1 号×TM-1 的亲本、F₂ 和 F₂:₃ 的株型性状表现

性状	亲本		F₂			F₂:₃		
	百棉 1 号	TM-1	范围	均值	变异系数/%	范围	均值	变异系数/%
株高/cm	98.9±4.8**	79.3±6.8	48.0～114.0	77.8	17.4	70.1～130.0	100.1	12.4
主茎节长/cm	72.8±8.7**	52.6±9.6	27.0～91.0	55.1	22.3	35.6～106.8	76.0	15.3
主茎节间长度/cm	5.6±0.5	6.0±0.6	3.4～7.4	4.9	13.3	4.4～9.5	5.7	11.3
总果枝数	13.9±1.1**	10.3±1.6	6.0～17.0	12.3	16.5	8.6～18.0	14.3	11.1
有效果枝数	13.6±1.24**	5.6±0.9	5.0～15.0	10.3	20.9	6.1～15.0	11.1	15.1
果枝长度/cm	60.2±3.6**	51.1±6.2	20.5～55.5	38.4	17.6	27.7～62.9	43.8	16.4
果枝节数	6.2±0.5*	5.6±0.5	2.5～7.5	4.7	17.7	3.3～7.5	5.1	17.1
果枝节间长度/cm	9.7±0.6	9.2±0.8	5.8～12.0	8.3	12.6	6.8～11.6	8.7	10.4
总果节数	69.6±10.0**	53.3±9.2	19.0～93.0	52.6	23.9	22.1～85.8	57.8	20.3
果枝夹角/(°)	62.6±4.8*	67.9±5.8	42.0～79.5	63.8	10.1	59.2～77.9	67.7	5.5

*和**分别表示在 0.05 和 0.01 水平上差异显著

表 4-2　百棉 1 号×TM-1 的 F₂ 和 F₂:₃ 株型性状间的相关

性状	株高	主茎节长	主茎节间长度	总果枝数	有效果枝数	果枝长度	果枝节数	果枝节间长度	总果节数	果枝夹角
株高	1	0.925**	0.614**	0.620**	0.433**	0.481**	0.169*	0.491**	0.575**	-0.106
主茎节长	0.884**	1	0.603**	0.731**	0.472**	0.541**	0.251**	0.462**	0.609**	-0.092
主茎节间长度	0.515**	0.498**	1	-0.095	-0.130	0.374**	0.181*	0.290**	0.258**	-0.102
总果枝数	0.672**	0.823**	-0.055	1	0.706**	0.363**	0.171*	0.322**	0.540**	-0.035
有效果枝数	0.522**	0.621**	-0.012	0.719**	1	0.191*	0.053	0.241**	0.381**	-0.035
果枝长度	0.343**	0.304**	0.253**	0.140	0.314**	1	0.818**	0.231**	0.496**	0.030
果枝节数	0.163*	0.131	0.085	0.069	0.305**	0.755**	1	-0.361**	0.354**	0.041
果枝节间长度	0.219**	0.216**	0.219**	0.076	0.045	0.400**	-0.246**	1	0.213**	-0.023
总果节数	0.614**	0.698**	0.122	0.727**	0.697**	0.542**	0.547**	0.032	1	-0.161*
果枝夹角	-0.054	-0.074	-0.003	-0.073	0.099	0.031	0.195**	-0.185*	0.100	1

注: 左下角和右上角分别表示 F₂ 和 F₂:₃ 株型性状间的相关; *和**分别表示在 0.05 和 0.01 水平上相关显著

(二) 遗传图谱构建

利用 4083 对 SSR 引物对亲本进行多态性筛选, 获得多态性标记位点 165 个, 其中偏分离标记位点 16 个。去除严重偏分离位点, 其他位点均用于遗传作图。最终, 144 个标记位点分布于 37 个连锁群, 图谱总长 1273cM, 覆盖棉花基因组的 25.5%, 平均图距 8.84cM。37 个连锁群中, 34 个分布于 24 条染色体上, 3 个没有定位到染色体上。考虑到本研究的目的, 仅显示定位有 QTL 的连锁群 (图 4-1)。

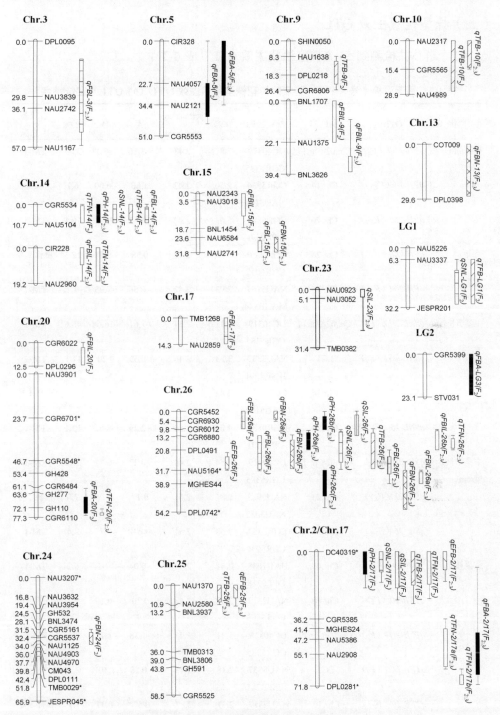

图 4-1　基于百棉 1 号×TM-1 的株型性状主效 QTL（M-QTL）分布

*表示偏分离标记

（三）株型性状主效 QTL

2 个群体共检测到 55 个株型性状主效 QTL（表 4-3）。

表 4-3　基于百棉 1 号×TM-1 鉴定的棉花株型性状主效 QTL（M-QTL）定位特点

性状	QTL	染色体	标记区间	LOD	permutation threshold	A	D	R^2/%	增效基因来源
株高/cm	qPH-$2/17$（F_2）	Chr.02/Chr.17	DC40319-CGR5385	5.81	2.48	−8.16	−16.08	33.3	TM-1
	qPH-14（$F_{2:3}$）	Chr.14	CGR5534-NAU5104	2.50	2.42	1.66	−6.00	6.1	百棉 1 号
	qPH-$26a$（$F_{2:3}$）	Chr.26	CGR6880-DPL0491	5.63	2.42	−4.83	−10.62	19.5	TM-1
	qPH-$26b$（$F_{2:3}$）	Chr.26	CGR6930-CGR6012	4.06	2.42	0.58	−9.21	12.3	百棉 1 号
	qPH-$26c$（$F_{2:3}$）	Chr.26	NAU5164-MGHES44	2.93	2.42	−0.56	−7.93	9.2	TM-1
主茎节长/cm	$qSNL$-$2/17$（F_2）	Chr.02/Chr.17	DC40319-CGR5385	9.31	2.34	−7.61	−16.68	45.6	TM-1
	$qSNL$-$LG1$（F_2）	LG1	NAU3337-JESPR201	3.23	2.46	−0.55	9.20	14.1	TM-1
	$qSNL$-14（$F_{2:3}$）	Chr.14	CGR5534-NAU5104	2.82	2.34	1.88	−6.24	7.5	百棉 1 号
	$qSNL$-26（$F_{2:3}$）	Chr.26	CGR6880-DPL0491	4.06	2.34	−2.29	−8.58	13.1	TM-1
主茎节间长度/cm	$qSIL$-$2/17$（F_2）	Chr.02/Chr.17	DC40319-CGR5385	3.54	2.44	−0.27	−0.71	29.8	TM-1
	$qSIL$-23（$F_{2:3}$）	Chr.23	NAU0923-NAU3052	2.81	2.51	0.17	−0.25	7.8	百棉 1 号
	$qSIL$-26（$F_{2:3}$）	Chr.26	CGR5452-CGR6930	2.58	2.51	−0.01	−0.37	7.4	TM-1
总果枝数	$qTFB$-9（F_2）	Chr.09	HAU1638-DPL0218	2.48	2.43	−0.04	1.02	6.2	TM-1
	$qTFB$-10（F_2）	Chr.10	NAU2317-CGR5565	2.02	2.43	0.70	−0.19	5.7	百棉 1 号
	$qTFB$-$2/17$（F_2）	Chr.02/Chr.17	DC40319-CGR5385	5.31	2.43	−1.38	−1.71	22.8	TM-1
	$qTFB$-$LG1$（F_2）	LG1	NAU3337-JESPR201	2.18	2.43	−0.28	1.10	8.2	TM-1
	$qTFB$-10（$F_{2:3}$）	Chr.10	NAU2317-CGR5565	2.31	2.87	0.57	−0.37	7.7	百棉 1 号
	$qTFB$-14（$F_{2:3}$）	Chr.14	CGR5534-NAU5104	3.31	2.87	0.09	−0.90	7.9	百棉 1 号

续表

性状	QTL	染色体	标记区间	LOD	permutation threshold	A	D	R^2/%	增效基因来源
总果枝数	$qTFB$-25（$F_{2:3}$）	Chr.25	NAU1370-NAU2580	2.66	2.87	−0.61	−0.09	6.8	TM-1
	$qTFB$-26（$F_{2:3}$）	Chr.26	CGR6880-DPL0491	2.23	2.87	−0.68	−0.88	10.3	TM-1
有效果枝数	$qEFB$-26（F_2）	Chr.26	DPL0491-NAU5164	5.45	2.43	1.50	0.89	16.5	百棉1号
	$qEFB$-25（$F_{2:3}$）	Chr.25	NAU1370-NAU2580	2.15	2.46	−0.45	−0.52	5.9	TM-1
	$qEFB$-$2/17$（$F_{2:3}$）	Chr.02/Chr.17	DC40319-CGR5385	3.38	2.46	−0.85	1.66	37.2	TM-1
果枝长度/cm	$qFBL$-17（F_2）	Chr.17	TMB1268-NAU2859	2.58	2.42	0.65	−5.48	17.0	百棉1号
	$qFBL$-$26a$（F_2）	Chr.26	CGR5452-CGR6930	2.44	2.42	−0.13	−3.76	7.0	TM-1
	$qFBL$-$26b$（F_2）	Chr.26	DPL0491-NAU5164	2.43	2.42	−2.08	−3.75	9.2	TM-1
	$qFBL$-3（$F_{2:3}$）	Chr.03	NAU3839-NAU2742	2.11	2.40	0.46	−4.08	8.5	百棉1号
	$qFBL$-14（$F_{2:3}$）	Chr.14	CGR5534-NAU5104	3.20	2.40	1.60	−5.77	16.2	百棉1号
	$qFBL$-15（$F_{2:3}$）	Chr.15	NAU6584-NAU2741	3.11	2.40	2.26	−3.55	9.2	百棉1号
	$qFBL$-26（$F_{2:3}$）	Chr.26	NAU5164-MGHES44	3.19	2.40	−3.41	−2.36	9.2	TM-1
果枝节数	$qFBN$-24（F_2）	Chr.24	CGR5161-CGR5537	2.22	2.36	0.11	0.36	5.1	百棉1号
	$qFBN$-$26a$（F_2）	Chr.26	CGR5452-CGR6930	2.51	2.36	0.15	−0.43	6.7	百棉1号
	$qFBN$-$26b$（F_2）	Chr.26	CGR6880-DPL0491	3.11	2.36	−0.23	−0.52	10.9	TM-1
	$qFBN$-13（$F_{2:3}$）	Chr.13	COT009-DPL0398	2.19	2.42	−0.32	−0.71	23.3	TM-1
	$qFBN$-15（$F_{2:3}$）	Chr.15	NAU6584-NAU2741	2.11	2.42	0.29	−0.15	5.3	百棉1号
	$qFBN$-26（$F_{2:3}$）	Chr.26	MGHES44-DPL0742	3.26	2.42	−0.36	0.17	9.8	TM-1
果枝节间长度/cm	$qFBIL$-9（F_2）	Chr.09	BNL1707-NAU1375	2.52	2.36	−0.32	0.56	10.0	TM-1
	$qFBIL$-15（F_2）	Chr.15	NAU2343-NAU3018	2.39	2.36	−0.29	−0.21	5.3	TM-1

续表

性状	QTL	染色体	标记区间	LOD	permutation threshold	A	D	R^2/%	增效基因来源
果枝节间长度/cm	$qFBIL$-20（F_2）	Chr.20	CGR6022-DPL0296	2.22	2.36	0.20	0.38	4.8	百棉1号
	$qFBIL$-9（$F_{2:3}$）	Chr.09	NAU1375-BNL3626	2.22	2.43	0.02	−0.49	7.2	百棉1号
	$qFBIL$-14（$F_{2:3}$）	Chr.14	CIR228-NAU2960	2.10	2.43	0.17	0.40	6.5	百棉1号
	$qFBIL$-$26a$（$F_{2:3}$）	Chr.26	NAU5164-MGHES44	3.16	2.43	0.20	−0.56	10.4	百棉1号
	$qFBIL$-$26b$（$F_{2:3}$）	Chr.26	CGR6880-DPL0491	2.49	2.43	0.14	−0.62	11.6	百棉1号
总果节数	$qTFN$-14（F_2）	Chr.14	CGR5534-NAU5104	2.07	2.42	0.38	8.24	10.8	百棉1号
	$qTFN$-$2/17$（F_2）	Chr.02/Chr.17	DC40319-CGR5385	3.24	2.42	−6.34	−12.32	22.5	TM-1
	$qTFN$-14（$F_{2:3}$）	Chr.14	CIR228-NAU2960	2.38	2.40	0.43	5.72	6.0	百棉1号
	$qTFN$-20（$F_{2:3}$）	Chr.20	GH110-CGR6110	2.38	2.40	−1.70	−5.86	7.0	TM-1
	$qTFN$-26（$F_{2:3}$）	Chr.26	CGR6880-DPL0491	4.25	2.40	−7.10	−6.06	15.3	TM-1
	$qTFN$-$2/17a$（$F_{2:3}$）	Chr.02/Chr.17	NAU5386-NAU2908	3.24	2.40	4.59	4.27	9.7	百棉1号
	$qTFN$-$2/17b$（$F_{2:3}$）	Chr.02/Chr.17	NAU2908-DPL0281	3.49	2.40	−2.83	13.49	26.1	TM-1
果枝夹角/(°)	$qFBA$-5（F_2）	Chr.05	NAU4057-NAU2121	2.18	2.39	−1.48	2.45	5.3	TM-1
	$qFBA$-20（F_2）	Chr.20	GH277-GH110	2.33	2.39	0.03	−2.87	4.9	百棉1号
	$qFBA$-$LG2$（F_2）	LG2	CGR5399-STV031	2.84	2.39	−2.27	−1.45	6.3	TM-1
	$qFBA$-5（$F_{2:3}$）	Chr.05	CIR328-NAU4057	2.11	2.45	−1.28	−0.25	5.7	TM-1
	$qFBA$-$2/17$（$F_{2:3}$）	Chr.02/Chr.17	NAU5386-NAU2908	2.12	2.45	1.13	−0.80	5.8	百棉1号

注：A 和 D 分别表示加性效应和显性效应；R^2 表示主效 QTL 的表型变异解释率

1. 株高

检测到 5 个株高显著性 QTL，LOD 值为 2.50～5.81。其中，F_2 群体中检测到 1 个 QTL *qPH-2/17*（F_2），解释 33.3%的表型变异，增效基因来自 TM-1；$F_{2:3}$
群体中检测到 4 个 QTL：*qPH-14*（$F_{2:3}$）、*qPH-26a*（$F_{2:3}$）、*qPH-26b*（$F_{2:3}$）和
qPH-26c（$F_{2:3}$），分别解释了 6.1%、19.5%、12.3%和 9.2%的表型变异，增效基
因来自百棉 1 号或 TM-1。

2. 主茎节长

检测到 4 个主茎节长显著性 QTL。F_2 群体中检测到 2 个 QTL：*qSNL-2/17*（F_2）
和 *qSNL-LG1*（F_2），分别解释 45.6%和 14.1%的表型变异，增效基因均来自 TM-1；
$F_{2:3}$ 群体中检测到 2 个 QTL：*qSNL-14*（$F_{2:3}$）和 *qSNL-26*（$F_{2:3}$），分别解释 7.5%
和 13.1%的表型变异，增效基因分别来自百棉 1 号和 TM-1。

3. 主茎节间长度

检测到 3 个主茎节间长度显著性 QTL。F_2 群体中检测到 1 个 *qSIL-2/17*（F_2），
解释 29.8%的表型变异，增效基因来自 TM-1；$F_{2:3}$ 群体中检测到 2 个 QTL：*qSIL-23*
（$F_{2:3}$）和 *qSIL-26*（$F_{2:3}$），分别解释 7.8%和 7.4%的表型变异，增效基因分别来自
百棉 1 号和 TM-1。

4. 总果枝数

2 个群体中检测到 8 个总果枝数 QTL（5 个可能性，3 个显著性），F_2 群体和
$F_{2:3}$ 群体各检测到 4 个，解释 5.7%～22.8%的表型变异，增效基因来自百棉 1 号或
TM-1。

5. 有效果枝数

2 个群体中检测到 3 个有效果枝数 QTL（1 个可能性，2 个显著性），F_2 群体
中检测到 1 个 QTL *qEFB-26*（F_2），解释 16.5%的表型变异，增效基因来自百棉 1
号，$F_{2:3}$ 群体中检测到 2 个 QTL：*qEFB-25*（$F_{2:3}$）和 *qEFB-2/17*（$F_{2:3}$），分别解
释 5.9%和 37.2%的表型变异，增效基因来自 TM-1。

6. 果枝长度

2 个群体中检测到 7 个果枝长度 QTL（1 个可能性，6 个显著性），解释 7.0%～
17.0%的表型变异。F_2 群体和 $F_{2:3}$ 群体分别检测到 3 个和 4 个 QTL，增效基因来
自 TM-1 或百棉 1 号。

7. 果枝节数

2 个群体检测到 6 个果枝节数 QTL（3 个可能性，3 个显著性）。F_2 群体中检
测到 3 个 QTL：*qFBN-24*（F_2）、*qFBN-26a*（F_2）和 *qFBN-26b*（F_2），分别解释

5.1%、6.7%和10.9%的表型变异；$F_{2:3}$群体中检测到3个QTL：*qFBN-13*（$F_{2:3}$）、*qFBN-15*（$F_{2:3}$）和*qFBN-26*（$F_{2:3}$），分别解释了23.3%、5.3%和9.8%的表型变异，增效基因来自TM-1或百棉1号。

8. 果枝节间长度

2个群体检测到7个果枝节间长度QTL（3个可能性，4个显著性）。F_2群体中检测到3个QTL：*qFBIL-9*（F_2）、*qFBIL-15*（F_2）和*qFBIL-20*（F_2），分别解释了10.0%、5.3%和4.8%的表型变异，增效基因均来自百棉1号或TM-1；$F_{2:3}$群体中检测到4个QTL：*qFBIL-9*（$F_{2:3}$）、*qFBIL-14*（$F_{2:3}$）、*qFBIL-26a*（$F_{2:3}$）和*qFBIL-26b*（$F_{2:3}$），解释6.5%~11.6%的表型变异，增效基因均来自百棉1号。

9. 总果节数

2个群体检测到7个总果节数QTL（3个可能性，4个显著性）。F_2群体中检测到2个QTL：*qTFN-14*（F_2）和*qTFN-2/17*（F_2），解释10.8%和22.5%的表型变异，*qTFN-14*（F_2）的增效基因来自百棉1号，*qTFN-2/17*（F_2）的增效基因来自TM-1；$F_{2:3}$群体中检测到5个QTL：*qTFN-14*（$F_{2:3}$）、*qTFN-20*（$F_{2:3}$）、*qTFN-26*（$F_{2:3}$）、*qTFN-2/17a*（$F_{2:3}$）和*qTFN-2/17b*（$F_{2:3}$），解释6.0%~26.1%的表型变异，5个位点中2个增效基因来自百棉1号，3个增效基因来自TM-1。

10. 果枝夹角

2个群体检测到5个果枝夹角QTL（4个可能性，1个显著性）。F_2群体中检测到3个QTL：*qFBA-5*（F_2）、*qFBA-20*（F_2）和*qFBA-LG2*（F_2），分别解释5.3%、4.9%和6.3%的表型变异，增效基因来自百棉1号或TM-1；$F_{2:3}$群体中检测到2个QTL：*qFBA-5*（$F_{2:3}$）和*qFBA-2/17*（$F_{2:3}$），分别解释5.7%和5.8%的表型变异，*qFBA-2/17*（$F_{2:3}$）的增效基因来自百棉1号，*qFBA-5*（$F_{2:3}$）的增效基因来自TM-1。

（四）株型上位性QTL（E-QTL）鉴定

2个群体中共检测到54对株型性状显著性E-QTL，表现出加性×加性上位、加性×显性上位、显性×加性上位、显性×显性上位（表4-4、图4-2）。每个性状检测到的E-QTL数目为1~18对，解释10.7%~47.4%的表型变异。

检测到2对株高E-QTL，加性×加性效应分别为2.672和2.321、加性×显性效应分别为4.249和−11.238、显性×加性效应分别为4.736和−5.885、显性×显性效应分别为17.665和17.391，解释17.5%~30.8%的表型变异。

表 4-4　基子百棉 1 号×TM-1 鉴定的棉花株型性状上位性 QTL（E-QTL）定位特点

性状	群体	标记位点			标记位点			LOD	AA	AD	DA	DD	R^2/%
		染色体	上游标记	下游标记	染色体	上游标记	下游标记						
株高	$F_{2:3}$	Chr.5	NAU2121	CGR5553	Chr.14	CGR5534	NAU5104	5.37	2.672	4.249	4.736	17.665	17.5
	$F_{2:3}$	Chr.12	DPL0400	GH631	Chr.23	NAU3052	TMB0382	5.13	2.321	-11.238	-5.885	17.391	30.8
主茎节长/cm	F_2	Chr.19	BNL3452	NAU3012	Chr.14	NAU4024	BNL3033	6.56	-5.304	6.906	-5.186	-3.453	12.6
	$F_{2:3}$	Chr.12	DPL0400	GH631	Chr.23	NAU3052	TMB0382	5.95	2.090	-15.964	-1.864	11.273	30.2
	$F_{2:3}$	Chr.8	COT035	NAU3515	LG3	MUCS400	MGHES70	5.92	-4.406	6.409	0.555	-16.654	17.3
主茎节间长度/cm	F_2	Chr.26	NAU5164	MGHES44	Chr.12	DPL0400	GH631	5.26	0.652	0.658	0.534	0.442	14.6
	F_2	Chr.26	NAU5164	MGHES44	Chr.23	NAU3052	TMB0382	5.11	0.547	0.396	0.333	0.589	16.4
	F_2	Chr.14	SHIN1339	NAU4024	LG2	CGR5399	STV031	6.53	-0.230	-1.079	0.227	-0.028	20.7
	F_2	Chr.14	NAU4024	BNL3033	Chr.9	DPL0218	CGR6806	5.16	-0.447	0.315	-0.233	0.427	17.1
	F_2	Chr.11/Chr.21	CGR5578	NAU1366	Chr.17	TMB1268	NAU2859	5.01	0.140	-0.180	0.144	1.247	19.7
	$F_{2:3}$	Chr.24	CM043	DPL0111	Chr.19	BNL3452	NAU3012	5.93	0.107	1.106	-0.073	-1.678	29.3
	$F_{2:3}$	Chr.20	GH428	CGR6484	Chr.8	DPL0760	COT035	5.06	-0.652	0.785	-0.666	0.868	26.8
	$F_{2:3}$	Chr.15	NAU2343	NAU3018	Chr.12	DPL0400	GH631	6.96	1.209	-0.753	-0.656	0.390	33.5
	$F_{2:3}$	Chr.19	NAU1156	NAU1187	Chr.5/Chr.19	NAU2811	CGR5590	5.08	-0.906	-0.777	0.541	0.123	27.9
	$F_{2:3}$	Chr.9	BNL1707	NAU1375	Chr.9	HAU1638	DPL0218	6.02	-0.097	0.026	1.344	-0.830	16.2
	$F_{2:3}$	Chr.9	NAU1375	BNL3626	Chr.17	TMB1268	NAU2859	5.63	-0.032	-0.954	0.078	-0.622	24.5
	$F_{2:3}$	Chr.5	NAU2121	CGR5553	Chr.12	DPL0400	GH631	5.40	0.497	-0.971	-0.501	1.035	27.2

续表

性状	群体	标记位点			标记位点			LOD	AA	AD	DA	DD	R^2/%
		染色体	上游标记	下游标记	染色体	上游标记	下游标记						
主茎节间长度/cm	$F_{2:3}$	Chr.5	NAU2121	CGR5553	Chr.3	CER0028	HAU1455	5.33	-0.749	-1.284	0.877	0.82	26.8
	$F_{2:3}$	Chr.12	DPL0400	GH631	Chr.9	DPL0218	CGR6806	7.35	0.565	-0.628	-1.111	0.760	29.5
	$F_{2:3}$	Chr.19	NAU3110	CGR5022	Chr.5/Chr.19	NAU2811	CGR5590	5.43	-0.613	-0.999	0.595	0.372	26.6
	$F_{2:3}$	Chr.5/Chr.19	NAU2811	CGR5590	Chr.9	DPL0218	CGR6806	6.09	-0.539	0.628	-0.854	0.307	26.5
	$F_{2:3}$	Chr.5/Chr.19	NAU2811	CGR5590	Chr.16	BNL2441	BNL0580	5.60	0.454	0.192	0.748	0.492	25.1
	$F_{2:3}$	Chr.18	NAU4105	DPL0864	Chr.23	NAU3052	TMB0382	5.83	0.617	-0.710	-0.489	0.114	30.4
总果枝数	F_2	Chr.26	NAU5164	MGHES44	Chr.25	NAU1370	NAU2580	5.18	0.840	-1.408	0.528	-1.230	10.9
	F_2	Chr.26	MGHES44	DPL0742	Chr.16	BNL2441	BNL0580	5.02	0.246	-1.808	0.001	-1.064	10.7
	F_2	Chr.19	NAU1187	NAU1255	Chr.5/Chr.19	NAU2811	CGR5590	5.31	-0.229	1.093	-2.440	-1.358	23.7
	F_2	Chr.19	NAU1102	NAU3110	Chr.20	CGR6022	DPL0296	6.22	-0.714	1.362	0.635	2.226	17.6
	F_2	Chr.9	DPL0218	CGR6806	Chr.14	BNL3545	BNL0645	5.43	-0.262	0.823	-1.032	-2.185	12.5
	F_2	Chr.19	NAU1156	NAU1187	Chr.11/Chr.21	CGR5578	NAU1366	5.50	1.151	0.801	-1.814	-0.253	26.2
	$F_{2:3}$	Chr.25	BNL3937	TMB0313	Chr.5/Chr.19	NAU2811	CGR5590	5.59	-0.062	-1.036	-0.040	2.723	23.7
	$F_{2:3}$	Chr.3	NAU2742	NAU1167	Chr.14	CGR5534	NAU5104	8.60	-0.169	-1.370	-0.109	-5.010	27.7
	$F_{2:3}$	Chr.3	NAU2742	NAU1167	Chr.17	TMB1268	NAU2859	5.56	-0.443	0.300	2.309	1.922	25.3
	$F_{2:3}$	Chr.9	BNL1707	NAU1375	Chr.8	COT035	NAU3515	5.13	-0.473	0.334	-2.527	-0.558	17.4
	$F_{2:3}$	Chr.5	NAU2121	CGR5553	Chr.12	DPL0400	GH631	5.42	-1.916	0.522	-0.099	-0.225	47.4
	$F_{2:3}$	Chr.12	DPL0400	GH631	Chr.16	BNL0580	DC40065	5.26	-0.716	0.486	1.380	-1.183	16.4

续表

性状	群体	标记位点			标记位点			LOD	AA	AD	DA	DD	R²/%
		染色体	上游标记	下游标记	染色体	上游标记	下游标记						
总果枝数	F$_{2:3}$	Chr.11/Chr.21	CGR5578	NAU1366	Chr.17	TMB1268	NAU2859	5.02	0.650	1.533	−0.504	−1.029	17.3
	F$_{2:3}$	Chr.22	CGR6410	NAU5099	Chr.14	CIR228	NAU2960	6.64	0.733	−0.741	1.856	1.354	31.2
有效果枝数	F$_2$	Chr.19	BNL3452	NAU3012	Chr.5/Chr.19	NAU2811	CGR5590	5.31	−0.704	−2.313	0.846	−0.292	22.2
	F$_2$	Chr.18	NAU4105	DPL0864	Chr.16	BNL2441	BNL0580	5.27	0.423	0.852	1.165	−3.318	22.1
	F$_{2:3}$	Chr.25	BNL3937	TMB0313	Chr.5/Chr.19	NAU2811	CGR5590	5.22	−0.150	−0.869	0.128	4.132	42.4
	F$_{2:3}$	Chr.3	NAU3839	NAU2742	Chr.14	CGR5534	NAU5104	5.27	−0.251	−1.290	0.432	−4.119	24.3
果枝长度/cm	F$_2$	Chr.25	BNL3937	TMB0313	Chr.23	BNL3031	NAU5350	5.20	−0.444	−1.723	−2.643	12.479	24.3
	F$_{2:3}$	Chr.25	GH591	CGR5525	Chr.16	BNL0580	DC40065	6.89	1.836	−4.519	−4.129	16.605	27.5
	F$_{2:3}$	Chr.14	NAU4024	BNL3033	Chr.16	DC40065	NAU2820	5.01	−3.204	3.827	−1.025	8.353	17.4
果枝节数	F$_2$	LG1	NAU3337	JESPR201	Chr.14	CIR228	NAU2960	5.27	−0.407	0.091	−0.685	−0.461	15.1
果枝节间长度/cm	F$_2$	Chr.19	BNL3452	NAU3012	Chr.11/Chr.21	CGR5578	NAU1366	6.21	0.103	−0.302	−0.363	2.012	27.5
	F$_{2:3}$	Chr.26	MGHES44	DPL0742	Chr.12	DPL0400	GH631	5.24	0.838	−0.347	0.491	0.296	29.6
总果节数	F$_2$	Chr.19	NAU1187	NAU1255	Chr.22	NAU2026	CGR6410	5.61	−8.693	−3.739	0.501	0.304	13.3
	F$_{2:3}$	Chr.19	HAU0878	NAU1269	Chr.3	NAU2742	NAU1167	5.39	3.610	12.742	−7.245	14.550	21.7
果枝夹角/(°)	F$_2$	Chr.24	CM043	DPL0111	Chr.12	DPL0400	GH631	5.97	4.679	5.109	1.725	−3.705	21.2
	F$_2$	Chr.15	NAU2343	NAU3018	Chr.14	CIR228	NAU2960	6.73	−2.332	6.647	−2.840	−0.021	19.2
	F$_2$	Chr.5	NAU2121	CGR5553	Chr.8	DPL0760	COT035	6.47	0.374	−5.610	3.857	3.017	13.5
	F$_2$	Chr.12	DPL0400	GH631	Chr.3	CER0028	HAU1455	5.60	−1.840	5.753	−7.160	3.943	29.0
	F$_{2:3}$	Chr.12	DPL0400	GH631	Chr.5/Chr.19	NAU2811	CGR5590	5.11	−1.551	−0.665	3.003	−1.268	13.2

注：AA、AD、DA 和 DD 分别表示加性×加性效应、加性×显性效应、显性×加性效应、显性×显性效应；R^2 表示上位性 QTL 的表型变异解释率

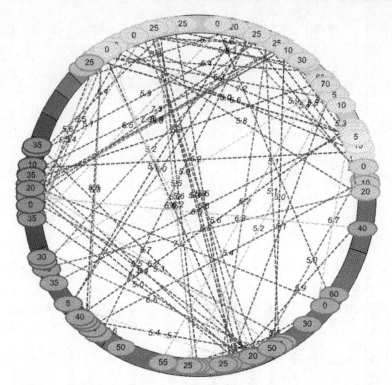

图 4-2　基于百棉 1 号×TM-1 的株型性状上位性 QTL（E-QTL）分布

检测到 3 对主茎节长 E-QTL，加性×加性效应为−5.304～2.090、加性×显性效应为−15.964～6.906，显性×加性效应为−5.186～0.555、显性×显性效应为−16.654～11.273，解释 12.6%～30.2%的表型变异。

检测到 18 对主茎节间长度 E-QTL，加性×加性效应为−0.906～1.209、加性×显性效应为−1.284～1.106，显性×加性效应为−1.111～1.344、显性×显性效应为−1.678～1.247，解释 14.6%～33.5%的表型变异。

检测到 14 对总果枝数 E-QTL，加性×加性效应为−1.916～1.151、加性×显性效应为−1.808～1.533，显性×加性效应为−2.527～2.309、显性×显性效应为−2.185～2.723，解释 10.7%～47.4%的表型变异。

检测到 4 对有效果枝数 E-QTL，加性×加性效应为−0.704～0.423、加性×显性效应为−2.313～0.852，显性×加性效应为 0.128～1.165、显性×显性效应为−4.119～4.132，解释 22.1%～42.4%的表型变异。

检测到 3 对果枝长度 E-QTL，加性×加性效应为−3.204～1.836，加性×显性效应为−4.519～3.827，显性×加性效应为−4.129～−1.025、显性×显性效应为 8.353～16.605，解释 17.4%～27.5%的表型变异。

检测到 1 对果枝节数 E-QTL，加性×加性效应为−0.407，加性×显性效应为0.091，显性×加性效应为–0.685、显性×显性效应为–0.461，解释 15.1%的表型变异。

检测到 2 对果枝节间长度 E-QTL，加性×加性效应分别为 0.103 和 0.838，加性×显性效应分别为–0.302 和–0.347，显性×加性效应分别为–0.363 和 0.491，显性×显性效应分别为 2.012 和 0.296，分别解释 27.5%和 29.6%的表型变异。

检测到 2 对总果节数 E-QTL，加性×加性效应分别为–8.693 和 3.610，加性×显性效应分别为–3.739 和 12.742，显性×加性效应分别为 0.501 和–7.245，显性×显性效应分别为 0.304 和 14.550，分别解释 13.3%和 21.7%的表型变异。

检测到 5 对果枝夹角 E-QTL，加性×加性效应为–2.332～4.679，加性×显性效应为–5.610～6.647，显性×加性效应为–7.160～3.857，显性×显性效应为–3.705～3.943，解释 13.2%～29.0%的表型变异。

结果还发现，有 4 组互作的标记区间分别同时控制两个性状，包括染色体 12 上的 DPL0400-GH631 与染色体 23 上的 NAU3052-TMB0382 同时影响株高和主茎节长；染色体 5 上的 NAU2121-CGR5553 与染色体 12 上的 DPL0400-GH631 同时影响主茎节间长度和总果枝数；染色体 25 上的 BNL3937-TMB0313 与 Chr.05/Chr.19 上的 NAU2811-CGR5590，以及染色体 3 上的 NAU2742-NAU1167 与染色体 14 上的 CGR5534-NAU5104 均同时影响总果枝数和有效果枝数。

此外，一些标记区间与其他多个标记区间的互作，分别控制不同的性状。例如，标记区间 DPL0400-GH631 与其他多个标记区间的互作，包括 NAU3052-TMB0382、NAU3052-TMB0382、NAU5164-MGHES44、NAU2343-NAU3018、NAU2121-CGR-5553、DPL0218-CGR6806、BNL0580-DC40065、MGHES44-DPL0742、CM043-DPL-0111、CER0028-HAU1455 和 NAU2811-CGR5590，分别控制 6 个性状包括株高、主茎节长、主茎节间长度、总果枝数、果枝节间长度和果枝夹角。

三、结论与讨论

（一）用于 QTL 定位的作图群体

塑造理想株型是株型育种的核心内容。泗棉 3 号是 20 世纪 90 年代我国育成的曾在长江流域推广面积最大的棉花品种，是我国棉花常规品种培育的成功典范，该品种选育的关键技术之一就是塑造了理想株型，表现出株型疏朗、层次清晰、节间匀称、群体内植株通透性好等特点（张培通等，2006）。关于 QTL 定位的作图群体，F_2 群体是常用的遗传作图群体，由于其遗传组成最为完整，提供的遗传信息最为丰富，理论上可以比较准确地对 QTL 进行定位和遗传效应分析。但 F_2 群体是以个体为单位的暂时性分离群体，其表现型受环境影响较大，无法采用多个相同基因型的个体进行重复试验。通过构建 $F_{2:3}$ 家系群体，用 $F_{2:3}$ 家系的平均值来估计 F_2 个体的表型值，虽减少了环境误差，提高了试验精度，但在 QTL 检测上却低估了显性效应和超显性效应。因此，同时对 F_2、$F_{2:3}$ 家系群体进行 QTL 检测是必要的。本研究利用百棉 1 号×TM-1 的 F_2 和 $F_{2:3}$ 家系群体进行棉花株型性状的 QTL 定位，2 个群体共检测到 55 个株型性状主效 QTL，包括 5 个株高 QTL、4 个主茎节长 QTL、3 个主茎节间长度 QTL、8 个总果枝数 QTL、3 个有效果枝数 QTL、7 个果枝长度 QTL、6 个果枝节数 QTL、7 个果枝节间长度 QTL、7 个总果节数 QTL 和 5 个果枝夹角 QTL。由于 F_2 和 $F_{2:3}$ 家系群体同时被使用，相同性状的 QTL 能够相互补充验证。

（二）棉花株型性状共同 QTL

目标性状可靠、稳定 QTL 的获得是进一步进行标记辅助选择的基础。能同时在不同群体、不同世代或不同组合中鉴定到的目标性状共同 QTL 具有较好的稳定性。前人已报道了一些棉花纤维品质性状共同 QTL（Shen et al., 2005；秦永生等，2009；Sun et al., 2012）。本研究利用 F_2 和 $F_{2:3}$ 群体，也检测到 4 个株型性状共同 QTL，包括总果枝数 qTFB-10（F_2/$F_{2:3}$）、果枝长度 qFBL-26b（F_2）/qFBL-26（$F_{2:3}$）、果枝夹角 qFBA-5（F_2/$F_{2:3}$）和果枝节数 qFBN-26b（F_2）/qFBN-26（$F_{2:3}$），它们的置信区间相同或重叠，增效基因均来自百棉 1 号。这些共同 QTL 具有较高的稳定性，可以用于棉花株型性状的标记辅助选择。值得关注的是，2 个群体均在染色体 14 上检测到 qTFN-14（F_2/$F_{2:3}$），增效基因均来自百棉 1 号，然而，它们的标记或置信区间未重叠，它们是否属于共同 QTL 尚待进一步研究。尽管本研究仅检测到 4 对共同 QTL，但是由于株型性状间存在强烈的相关关系，因此，利用与共同 QTL 连锁的分子标记进行选择，可以同时改良株型其他性状。另外，本研究中 2 个 QTL qFBL-17（F_2）与 qTFN-20（$F_{2:3}$）也在 Song 和 Zhang（2009）的研究中被检测到，由于有共同标记 NAU2859 和 GH110，这些 QTL 很可能是共同 QTL。qFBIL-9（F_2）、qFBIL-15（F_2）及 qFBIL-14（$F_{2:3}$）被 Song 和 Zhang（2009）分别定位在相同染色体上，但由于缺乏共同标记，它们是否属于共同 QTL 有待进一步研究。

（三）用于棉花株型育种的等位基因

前人已报道增效基因并不总来自于高值亲本（Devicente and Tanksley，1993；Lefebvre and Palloix，1996；Pilet et al., 1998；Shen et al., 2007）。这种现象在本研究中得到证实。在所有检测到的 55 个主效 QTL 中，25 个的增效基因来自百棉 1 号，其他的来自 TM-1。这说明不论高值亲本还是低值亲本，均含有对株型性状起增效作用的 QTL 位点，由于隐蔽基因效应，来自低值亲本的 QTL 在亲本世代表现不出来，当发生重组时则可能被检测到，从而表现出超亲遗传（Devicente and Tanksley，1993）。因此，来自高值亲本和低值亲本的有利等位基因均能用于改良棉花株型。应当强调的是，与其他性状相比，由于棉花具有无限生长习性，棉花株型又有其特殊性，不同的生态环境对理想株型的要求存在差异。以长江流域棉区、黄河流域棉区和西北内陆棉区为例，长江流域棉区的无霜期最长，应选择植株较高大、松散、果枝夹角较大的株型，以改善通风透光、搭起丰产架子为主要目的；黄河流域棉区的无霜期较长，应选择株高适中、较松散、果枝夹角适中的株型，以适当提高早熟性、但不影响产量为主要目的；西北内陆棉区的无霜期最短，根据其矮密早的植棉特点，应选择株高较矮、较紧凑、果枝夹角较小的株型，以提高霜前花率为主要目的。因此，根据特定的育种目标增效等位基因和减效等位基因都可以用于棉花株型育种。

（四）棉花 QTL 的成簇分布

前人研究表明，控制相关性状的 QTL 往往定位在相同或相近的染色体区域，即 QTL 成簇分布（Mei et al.，2004；Wang et al.，2006；Song and Zhang，2009；Li et al.，2014）。本研究通过比较株型性状的 QTL 分布情况发现，7 条染色体/连锁群存在 2 个或多个性状 QTL 的成簇分布。特别是分布在染色体 26 上的最大的 QTL 簇，包含了株高、主茎节长、主茎节间长度、总果枝数、有效果枝数、果枝长度、果枝节数、果枝节间长度和总果节数等 9 个株型性状的 16 个主效 QTL。Liu 等（2012）报道，棉花染色体 26 上存在控制几个产量性状如子指、衣分、衣指和铃重的 QTL。这些结果进一步证明棉花株型和产量关系密切，对产量影响很大，一些控制棉花重要农艺性状的基因可能聚集在染色体 26 上。一般来说，QTL 成簇分布可能是基因间相互作用或者一因多效的结果（Yamamoto et al.，2009；Thumma et al.，2010）。基于高密度遗传图谱的 QTL 定位将进一步证实这一结果。

（五）上位性 QTL（E-QTL）是棉花株型性状重要遗传基础

资料表明，上位性遗传效应广泛存在于植物的数量性状中。株型的 E-QTL 在许多大田作物如棉花（Wang et al.，2006；Song and Zhang，2009）、水稻（Kanbe et al.，2008）、玉米（Xu et al.，2009）和小麦（Wang et al.，2010）上已有报道。本研究中，在百棉 1 号×TM-1 的 2 个群体中共鉴定到 10 个株型性状的 54 对 E-QTL，包括 2 对株高 E-QTL、3 对主茎节长 E-QTL、18 对主茎节间长度 E-QTL、14 对总果枝数 E-QTL、4 对有效果枝数 E-QTL、3 对果枝长度 E-QTL、1 对果枝节数 E-QTL、2 对果枝节间长度 E-QTL、2 对总果节数 E-QTL 和 5 对果枝夹角 E-QTL，表型变异解释率为 10.7%～47.4%。这些结果表明棉花株型性状存在上位性遗传效应，这些效应对株型的遗传变异具有重要贡献。需要强调的是，4 个标记区间存在着同时控制两个性状的 E-QTL，而且某些标记区间可以与其他多个标记区间互作控制不同性状，这表明控制株型性状的基因间相互作用很复杂，株型性状不只是单个 QTL 的累加，还存在着复杂的互作。因此，今后的棉花株型分子育种应结合单个 QTL 和 E-QTL 进行选择，方能达到理想功效。

第二节　基于百棉 2 号×TM-1/中棉所 12 的棉花株型性状 QTL 定位

株型是植物地上部分的三维立体结构，包括分枝类型、株高、叶序和果枝。株型是重要的农艺性状，决定了植物的栽培特点、收获指数和潜在产量（Reinhardt and Kuhlemeier，2002；Yang and Hwa，2008）。植物育种家在近几个世纪都致力于株型的品种改良。第一次绿色革命就是通过株型改良培育出植株较低、茎干粗壮的高产水稻和小麦品种，使全球的谷物产量翻倍（Peng et al.，1999）。但是，株型性状是由多基因控制的数量性状，通过传统的人工选择很难达到改良的目的（Reinhardt and Kuhlemeier，2002）。阐明植物株型的遗传机制是对其进行改良的基础。以分子标记技术为基础的 QTL 定位是阐明数量性状遗传机制的一个有效方法。到目前为止，QTL 定位已经成功用于水稻（Kanbe et al.，2008；Jiao et al.，2010；Wang et al.，2011）、玉米（Tang et al.，2007；Xu et al.，2009；Ku et al.，2010）和小麦（Wang et al.，2010；Liu et al.，2011）等作物的株型改良。

近年来，由于棉农和纺织工业的需求，提高棉纤维的产量和品质变得尤为重要（Shen et al.，2005）。株型改良是提高棉纤维产量和品质的有效途径（Wang et al.，2006；Song and Zhang，2009）。棉花的株型是由很多因素共同决定的，包括株高、主茎节长、主茎节间长、总果枝数、有效果枝数、果枝长度、果枝节数、果枝节间长度、总果节数、果枝夹角等。前人已报道过少量的棉花株型性状 QTL。张培通等（2006）利用棉花的一套重组自交系群体检测到 3 个株高 QTL、2 个果枝长度 QTL 和 3 个株高/果枝长度 QTL。Wang 等（2006）在另一个重组自交系群体中鉴定到了 3 个果枝长度 QTL 和 1 个株高/果枝长度 QTL。Song 和 Zhang（2009）利用棉花的陆海种间群体检测到 7 个株型性状，包括果枝始节、主茎叶大小、株高、总果枝数、主茎节间长度、果枝夹角和果枝节间长度的 26 个 QTL。通过对不同研究中同一株型性状 QTL 的比较发现，可能因为不同群体间缺乏共同标记，很少有共同 QTL 的报道。

本研究组配了 2 个新的棉花 $F_{2:3}$ 群体，进行了 10 个棉花株型性状包括株高、主茎节长、主茎节间长度、总果枝数、有效果枝数、果枝长度、果枝节数、果枝节间长度、总果节数和果枝夹角的 QTL 定位，并在不同群体中筛选影响株型性状的共同 QTL。本研究为棉花株型性状的遗传解析和分子标记辅助选择提供了理论参考。

一、材料与方法

（一）材料

共选用 3 个棉花栽培品种：百棉 2 号、TM-1 和中棉所 12。百棉 2 号为河南科技学院利用系谱法选育成的陆地棉早熟品种（朱高岭等，2008），TM-1 是陆地棉遗

传标准系,在中国长江流域、黄河流域及西北内陆棉区种植均表现晚熟(Kohel et al.,
1970;艾尼江等,2010;李成奇等,2011),中棉所 12 是由中国农科院棉花研究所
培育的中熟品种(谭联望和刘正德,1990)。一般来说,早熟品种具有较低的株高、
较短的节间和果枝等特性,而中晚熟品种则拥有比较伸展的株型、较高的株高、较
长的节间和果枝(喻树迅和黄祯茂,1990)。2008 年夏,在河南新乡,TM-1 和中棉
所 12 分别作为母本与百棉 2 号杂交;2008 年冬在中国海南,将 F_1 植株自交获得 F_2;
2009 年夏,在河南新乡,F_2 自交获得 $F_{2:3}$ 群体。2010 年夏在河南新乡分别种植两组
合的亲本及 $F_{2:3}$ 家系,顺序排列,2 次重复,行长 5.0m,行距 0.8m,每行 14~16
株,大田常规管理。为便于描述,将 2 个组合百棉 2 号×TM-1、百棉 2 号×中棉所
12 分别称为组合Ⅰ和组合Ⅱ。

(二)田间试验和表型调查

为了减少环境误差,每个 F_2 对应的 $F_{2:3}$ 家系调查 10 株,取 2 次重复的平均值作
为性状最终表型值。本研究总共调查了 10 个棉花株型性状,包括株高、主茎节长、
主茎节间长度、总果枝数、有效果枝数、果枝长度、果枝节数、果枝节间长度、总
果节数和果枝夹角。表型数据分析使用 SPSS 17.0 软件。

(三)标记分析

DNA 提取参考 Paterson 等(1993)的方法。共选用 4083 对 SSR 引物筛选亲
本间的多态性,这些引物包括 BNL、CER、CGR、CIR、CM、COT、DPL、DC、
GH、HAU、JESPR、MUCS、MUSB、MUSS、MGHE、NAU、SHIN、STV 和
TMB 系列。这些引物主要选自已发表过的棉花种间和种内遗传连锁图谱(Nguyen
et al.,2004;Guo et al.,2007;Qin et al.,2008)及已报道的与棉花重要性状 QTL
连锁的分子标记(Zhang et al.,2003;Mei et al.,2004;李成奇等,2008)。引物
序列从棉花标记数据库 CMD(cotton marker database)下载,由南京金斯瑞生物
科技有限公司合成。筛选到的多态性引物用于 F_2 群体的基因型分析。PCR 扩增和
检测参考 Zhang 等(2002)的方法。

(四)遗传图谱构建和 QTL 分析

使用 Jionmap 3.0(van Ooijen and Voorrips,2001)进行标记连锁分析,构建
遗传图谱;最大遗传距离为 50cM,LOD≥3.0。用 Windows QTL Cartographer 2.5
的复合区间作图法(CIM)进行 QTL 定位和遗传效应分析(Zeng,1994;Basten
et al.,2001)。LR≥13.8 作为筛选显著性 QTL 的标准(Jiang et al.,1998),LR
值在 9.2~13.8 表示可能性 QTL(Lander and Kruglyak,1995);此外,进行 1000
次 Permutation 确定阈值,LOD 值大于阈值时该 QTL 也定义为显著性 QTL

（Churchill and Doerge，1994）。遗传图谱的绘制利用制图软件 MapChart 2.1。

　　QTL 的命名参照水稻上常用的方法（Mccouch et al.，1997），以字母"q"开头，后接性状的英文字母缩写，再接染色体或连锁群的编号。如果同一染色体上有两个以上相同性状的 QTL，则加字母 a、b、c 等加以区别。对照 Guo 等构建的异源四倍体棉花种间遗传图谱，将各连锁群定位到相应的染色体（或亚基因组）上（Han et al.，2004；Guo et al.，2007）。无法定位到染色体的连锁群，定义为 LGX。

二、结果与分析

（一）株型性状表现

　　2 个组合亲本及 $F_{2:3}$ 的株型表现见表 4-5。百棉 2 号的所有株型性状值均低于 TM-1 和中棉所 12。TM-1 和百棉 2 号之间，除总果枝数和果枝节间长度外，其他性状间的差异都达显著或极显著水平；中棉所 12 和百棉 2 号之间，除果枝夹角外，其他性状间的差异都达显著或极显著水平。对 $F_{2:3}$ 的株型性状分析发现，所有性状都存在超亲分离现象，偏度都小于 1，符合数量性状的正态分布特征。

表 4-5　百棉 2 号×TM-1/中棉所 12 的亲本和 $F_{2:3}$ 株型性状表现

| 性状 | 组合 I [百棉 2 号（P₂）×TM-1（P₁）] | | | | | | | 组合 II [百棉 2 号（P₂）×中棉所 12（P₁）] | | | | | | |
| | 亲本 | | | $F_{2:3}$ | | | | 亲本 | | | $F_{2:3}$ | | | |
	P_1	P_2	P_1–P_2	范围	均值	标准差	偏度	P_1	P_2	P_1–P_2	范围	均值	标准差	偏度
株高/cm	80.6	63.2	17.4**	60.2~113.8	91.8	8.48	−0.21	112.6	76.2	36.4**	57.7~120.1	89.2	12.55	−0.04
主茎节长/cm	59.1	47.8	11.3**	42.2~108.7	71.0	8.27	0.02	78.0	49.4	28.6**	28.2~94.3	60.0	15.32	−0.05
主茎节间长度/cm	4.7	4.1	0.6*	3.2~7.3	5.3	0.51	0.02	6.3	5.2	1.1*	2.3~7.6	4.9	1.08	−0.04
总果枝数	13.6	12.6	1.0	10.2~16.7	14.4	1.31	−0.72	13.4	10.6	2.8**	8.9~16.9	13.3	1.81	−0.39
有效果枝数	12.3	8.5	3.8**	5.9~13.7	9.7	1.66	−0.19	12.1	7.6	4.5**	5.0~15.6	10.0	2.08	0.22
果枝长度/cm	60.9	27.0	33.9**	24.2~60.9	40.7	6.75	0.49	63.2	32.4	30.8**	21.6~61.7	38.0	8.24	0.49
果枝节数	8.0	3.7	4.3**	2.7~7.3	4.9	0.85	0.24	6.2	3.9	2.3**	2.9~6.5	4.5	0.84	0.25
果枝节间长度/cm	7.7	7.3	0.4	4.1~10.8	8.4	1.11	−0.25	10.2	8.4	1.8*	4.9~11.7	8.4	1.04	−0.42
总果节数	87.2	34.0	53.2**	39.5~84.3	60.5	9.11	0.09	85.9	45.6	40.3**	21.6~84.3	50.5	12.52	0.21
果枝夹角/（°）	75.2	56.6	18.6**	57.4~78.2	68.5	4.12	−0.10	66.3	60.6	5.7	56.6~78.1	67.4	3.71	0.14

*和**分别表示在 0.05 和 0.01 水平上差异显著

　　两个组合的 $F_{2:3}$ 所有性状的相关分析见表 4-6。多数性状都和其他性状呈显著正相关，在组合 I 中表现显著负相关的有总果枝数和主茎节间长度之间、有效果枝数和主茎节间长度之间、果枝节间长度和总果枝数之间、果枝节间长度和果枝节数之间；组合 II 中表现显著负相关的有株高和果枝夹角之间、果枝夹角和果枝节间长度之间、果枝夹角和总果节数之间。

表 4-6　2 个组合（百棉 2 号×TM-1/中棉所 12）的 $F_{2:3}$ 株型性状间的相关

性状	株高	主茎节长	主茎节间长度	总果枝数	有效果枝数	果枝长度	果枝节数	果枝节间长度	总果节数	果枝夹角
株高	1	0.914**	0.499**	0.547**	0.406**	0.541**	0.379**	0.134	0.342**	0.104
主茎节长	0.838**	1	0.511**	0.644**	0.366**	0.502**	0.395**	0.059	0.363**	0.114
主茎节间长度	0.521**	0.764**	1	−0.317**	−0.150*	0.300**	0.031	0.303**	0.114	0.016
总果枝数	0.646**	0.578**	−0.072	1	0.554**	0.290**	0.418**	−0.213*	0.289**	0.125
有效果枝数	0.277**	−0.046	−0.390**	0.457**	1	0.310**	0.230**	0.061	0.245**	0.187*
果枝长度	0.788**	0.781**	0.525**	0.547**	0.057	1	0.668**	0.308**	0.367**	0.167*
果枝节数	0.617**	0.710**	0.513**	0.451**	−0.082	0.822**	1	−0.491**	0.315**	0.138
果枝节间长度	0.454**	0.293**	0.145	0.279**	0.242**	0.490**	−0.086	1	0.031	0.035
总果节数	0.667**	0.546**	0.292**	0.478**	0.329**	0.599**	0.469**	0.352**	1	0.107
果枝夹角	−0.210**	−0.129	−0.065	−0.119	−0.091	−0.137	−0.02	−0.216**	−0.172*	1

　　注：右上角和左下角分别为组合 I （百棉 2 号×TM-1）和组合 II （百棉 2 号×中棉所 12）的 $F_{2:3}$ 株型性状间的相关；*和**分别表示在 0.05 和 0.01 水平上相关显著

（二）SSR 数据分析与遗传图谱构建

　　利用所有 SSR 引物对亲本进行多态性筛选。明显偏分离的标记在构建遗传图谱时被舍弃。最终，群体 I 的遗传图谱包含 269 个标记位点、43 个连锁群，图谱总长 1837.8cM，覆盖棉花基因组的 36.76%，平均图距 6.9cM；群体 II 的遗传图谱包含 127 个标记位点、33 个连锁群，图谱总长 1244.3cM，覆盖棉花基因组的 24.89%，平均图距 9.8cM。一些连锁群未分配到染色体上。考虑本试验的研究目的，仅显示定位有 QTL 的连锁群。

（三）棉花株型性状的 QTL 定位

　　2 个组合检测到的所有 QTL 见图 4-3、图 4-4 和表 4-7。

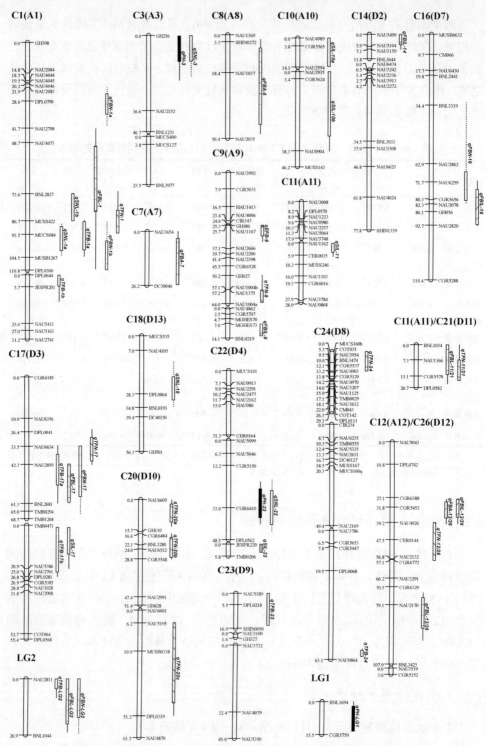

图 4-3　基于组合 I（百棉 2 号×TM-1）的株型性状 QTL 分布

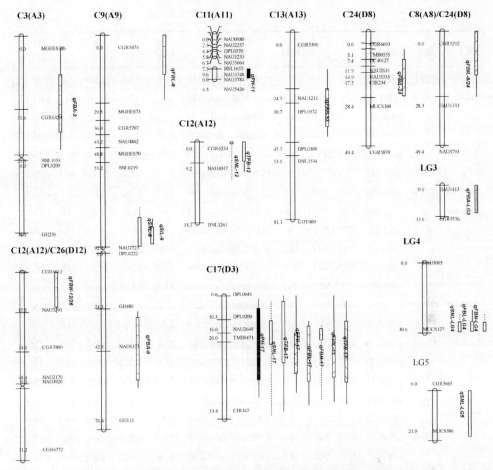

图 4-4　基于组合 II（百棉 2 号×中棉所 12）的株型性状 QTL 分布

表 4-7　基于百棉 2 号×TM-1/中棉所 12 鉴定的棉花株型性状 QTL

性状	组合	QTL	染色体（亚基因组）	位置	标记区间	LOD	A	D	R^2/%	增效基因来源
株高/cm	组合 I	qPH-3	C3（A3）	0.2	GH256-NAU2152	2.08	−0.028	−3.918	5.4	TM-1
		qPH-22	C22（D4）	33	CGR6410-DPL0562	3.79*	3.263	3.169	10.2	百棉 2 号
		qPH-LG1	LG1	14	BNL1694-CGR5759	2.19	−3.507	2.818	8.0	TM-1
	组合 II	qPH-11	C11（A11）	4.1	NAU3784-NAU5426	2.43*	−3.576	3.606	5.4	中棉所12
		qPH-17	C17（D3）	18.1	BNL2649-TBM0471	3.53*	−5.156	−0.552	8.2	中棉所12
主茎节长/cm	组合 I	qSNL-1a	C1（A1）	93.9	MUCS084-MUSB1267	3.97*	−3.362	2.158	10.6	TM-1
		qSNL-1b	C1（A1）	77.5	BNL2827-MUSS422	2.4	−3.094	1.328	7.6	TM-1
		qSNL-3	C3（A3）	0	GH256-NAU2152	2.57	−0.28	−4.435	7.5	TM-1
		qSNL-18	C18（D13）	28.2	DPL0864-BNL0193	2.17	−0.324	3.615	5.2	TM-1

续表

性状	组合	QTL	染色体（亚基因组）	位置	标记区间	LOD	A	D	R^2/%	增效基因来源
主茎节长/cm	组合Ⅰ	qSNL-22	C22（D4）	33.1	CGR6410-DPL0562	2.31	2.719	1.623	6.2	百棉2号
	组合Ⅱ	qSNL-9	C9（A9）	89.3	BNL0219-NAU2723	2.62*	3.75	23.149	48.9	百棉2号
		qSNL-12	C12（A12）	0	CGR6254-NAU4047	2.02	2.729	6.925	6.1	百棉2号
		qSNL-17	C17（D3）	16.1	NAU2649-TMB0471	2.92*	−4.573	−4.877	7.2	中棉所12
		qSNL-LG4	LG4	30.1	NAU5005-MUCS127	2.54*	−0.542	−21.491	47.6	中棉所12
		qSNL-LG5	LG5	0	CGR5665-MUCS586	2.43	1.478	24.114	49.6	百棉2号
主茎节间长度/cm	组合Ⅰ	qSIL-10a	C10（A10）	10.7	CGR5264-NAU0904	2.05	0.182	0.145	8.2	百棉2号
		qSIL-10b	C10（A10）	3.8	CGR5565-NAU2594	2.64*	−0.096	−0.232	7.0	TM-1
		qSIL-11	C11（A11）	0	NAU1162-CER0035	5.69*	−0.19	−0.356	17.4	TM-1
		qSIL-17	C17（D3）	52.2	NAU5386-TMB0471	3.32*	0.178	−0.272	12.7	百棉2号
		qSIL-22	C22（D4）	1.9	JESPR220-TMB0206	2.02	0.013	0.248	6.0	百棉2号
	组合Ⅱ	qSIL-9	C9（A9）	90.7	BNL0219-NAU2723	3.83*	0.438	1.828	54.6	百棉2号
总果枝数	组合Ⅰ	qTFB-1a	C1（A1）	95.4	MUCS084-MUSB1267	3.72*	−0.593	0.467	12.7	TM-1
		qTFB-1b	C1（A1）	0	DPL0644-JESPR201	2.92	−0.22	−0.684	7.6	TM-1
		qTFB-17a	C17（D3）	42.4	NAU2859-BNL2681	2.52	−0.357	0.706	10.9	TM-1
		qTFB-17b	C17（D3）	42.5	NAU5386-TMB0471	2.96	−0.562	0.556	12.9	TM-1
		qTFB-23	C23（D9）	2.1	NAU5189-DPL0218	2.52	−0.01	0.655	6.3	TM-1
		qTFB-24	C24（D8）	59.5	DPL0068-NAU0864	2.57	−0.807	1.469	49.2	TM-1
		qTFB-LG2	LG2	0	NAU2811-BNL1044	2.72	−0.804	1.364	44.3	TM-1
	组合Ⅱ	qTFB-12	C12（A12）	0	CGR6254-NAU4047	3.27*	0.303	1.107	10.2	百棉2号
		qTFB-17	C17（D3）	14.1	CGR6254-NAU4047	2.26	−0.527	−0.425	5.7	中棉所12
有效果枝数	组合Ⅰ	qEFN-9	C9（A9）	27.7	NAU1167-NAU2666	2.03	−0.066	0.998	9.0	TM-1
	组合Ⅱ	qEFB-13	C13（A13）	34.6	DPL0572-DPL0308	3.13*	0.211	−1.31	10.0	百棉2号
		qEFB-17	C17（D3）	19.9	TMB0471-CIR347	3.27*	−0.851	−0.146	8.3	中棉所12
果枝长度/cm	组合Ⅰ	qFBL-1	C1（A1）	60.8	NAU4073-BNL2827	2.68*	−1.689	−2.75	8.4	TM-1
		qFBL-17	C17（D3）	54.6	NAU2859-BNL2681	4.12*	−3.858	−0.93	14.3	TM-1
		qFBL-11/21	C11/C21（A11/D11）	2	BNL1034-NAU1366	2.03	−1.403	−1.857	4.7	TM-1
		qFBL-12/26	C12/C26（A12/D12）	79.1	NAU2170-BNL3423	3.58*	2.574	−0.073	8.0	百棉2号
		qFBL-LG2	LG2	8.3	NAU2811-BNL1044	2.91*	−3.583	−3.971	20.4	TM-1
	组合Ⅱ	qFBL-9	C9（A9）	8.1	CGR5474-GHES73	3.03*	−3.641	−2.09	10.8	中棉所12
		qFBL-17	C17（D3）	17.9	NAU2649-TMB0471	5.67*	−4.133	−1.356	12.8	中棉所12
		qFBL-LG4	LG4	29.9	NAU5005-MUCS127	2.93*	−0.482	−11.126	42.5	中棉所12
果枝节数	组合Ⅰ	qFBN-1a	C1（A1）	28.5	DPL0790-NAU2798	2.29	0.121	0.347	5.3	百棉2号
		qFBN-1b	C1（A1）	104.3	MUCS084-MUSB1267	2.32	−0.256	0.197	5.7	TM-1
		qFBN-16	C16（D7）	71.9	NAU2862-NAU6259	2.16	0.29	0.009	5.4	百棉2号

续表

性状	组合	QTL	染色体（亚基因组）	位置	标记区间	LOD	A	D	R^2/%	增效基因来源
果枝节数	组合 I	qFBN-17	C17（D3）	42.2	NAU6634-NAU2859	2.17	−0.173	0.418	7.8	TM-1
		qFBN-LG2	LG2	0	NAU2811-BNL1044	2.49	−0.452	−0.486	14.7	TM-1
	组合 II	qFBN-17	C17（D3）	33	TMB0471-CIR347	3.68*	−0.335	−0.282	11.0	中棉所 12
		qFBN-12/26	C12/C26（A12/D12）	0	CGR6012-NAU3291	2.2	−0.275	−0.044	5.8	中棉所 12
		qFBN-LG4	LG4	29.9	NAU5005-MUCS127	2.69	0.088	−1.278	50.3	百棉 2 号
果枝节间长度/cm	组合 I	qFBIL-9	C9（A9）	12.9	MGHES73-BNL0219	2.03	−0.282	0.353	5.0	TM-1
		qFBIL-14	C14（D2）	0	NAU5499-NAU5104	2.31	0.371	−0.041	5.5	百棉 2 号
		qFBIL-15	C15（D1）	0	NAU2437-NAU3901	3.20*	−0.243	0.491	8.0	TM-1
		qFBIL-16	C16（D7）	82.3	NAU2078-GH056	2.26	−0.353	0.182	5.2	TM-1
		qFBIL-12/26	C12/C26（A12/D12）	31.2	CGR6388-CGR5452	2.76*	0.38	0.299	8.0	百棉 2 号
	组合 II	qFBIL-17	C17（D3）	20.2	TMB0471-CIR347	3.38*	−0.384	0.123	7.4	中棉所 12
		qFBIL-24	C24（D8）	21.9	CIR234-MUCS160	2.58*	0.409	−0.029	7.4	百棉 2 号
		qFBIL-8/24	C8/C24（A8/D8）	0	CGR5202-HAU1333	3.75*	−0.729	0.253	22.4	中棉所 12
总果节数	组合 I	qTFN-1	C1（A1）	86.8	BNL2827-MUSS422	3.25*	−1.523	4.254	7.5	TM-1
		qTFN-9	C9（A9）	63.4	NAU1004b-NAU1004a	2.05	−0.487	3.958	5.0	TM-1
		qTFN-17	C17（D3）	34.4	NAU6634-NAU2859	3.06*	−3.166	−0.617	7.0	TM-1
		qTFN-20a	C20（D10）	6.1	NAU6605-GH110	6.18*	−4.695	−4.792	22.6	TM-1
		qTFN-20b	C20（D10）	22.1	BNL3280-NAU6512	4.89*	−3.721	−3.062	11.2	TM-1
		qTFN-20c	C20（D10）	14.5	NAU5195-MUSB0338	2.05	−1.978	−2.945	5.8	TM-1
		qTFN-24	C24（D8）	0	BNL3474-CGR5537	2.05	−1.607	4.013	6.2	TM-1
		qTFN-11/21	C11/C21（A11/D11）	11.5	NAU1366-CGR5578	3.04*	−0.156	5.289	8.4	TM-1
		qTFN-12/26	C12/C26（A12/D12）	47.3	NAU4926-CIR0144	2.12	−3.462	3.115	7.1	TM-1
	组合 II	qTFN-17	C17（D3）	18.1	NAU2649-TMB0471	4.46*	−5.574	0.076	10.7	中棉所 12
果枝夹角/（°）	组合 I	qFBA-7	C7（A7）	18.1	NAU3654-DC30046	2.77*	1.935	−0.422	9.9	百棉 2 号
		qFBA-8	C8（A8）	15.7	NAU1037-NAU2035	2.56	0.47	−2.355	7.9	百棉 2 号
		qFBA-12/26	C12/C26（A12/D12）	31.8	CGR5452-NAU4926	2.13	0.815	1.625	5.8	百棉 2 号
	组合 II	qFBA-3	C3（A3）	31.3	CGR6329-BNL1053	2.12	0.68	1.435	5.1	百棉 2 号
		qFBA-9	C9（A9）	35.2	GH486-NAU6177	3.10*	−0.99	−2.182	11.9	中棉所 12
		qFBA-LG3	LG3	9.9	HAU1413-CGR5576	2.43*	0.914	3.772	20.9	百棉 2 号

注：A 和 D 分别表示加性效应和显性效应；R^2 表示 QTL 的表型变异解释率；*表示显著性 QTL

1. 株高

2 个组合共检测到 5 个株高 QTL，解释 5.4%～10.2%的表型变异，LOD 值为 2.08～3.79。组合 I 中检测到 1 个显著性 QTL *qPH-22*，解释 10.2%的表型变异，增效基因来自百棉 2 号；组合 II 中检测到 2 个显著性 QTL *qPH-11* 和 *qPH-17*，分别解释 5.4 和 8.2%的表型变异，增效基因来自中棉所 12。除此之外，组合 I 中还检测到 2 个可能性 QTL。

2. 主茎节长

2 个组合共检测到 10 个主茎节长 QTL，LOD 值为 2.02～3.97。组合 I 中检测到 1 个显著性 QTL 和 4 个可能性 QTL，解释 5.2%～10.6%的表型变异，5 个 QTL 中有 4 个的增效基因来自 TM-1。组合 II 中检测到 3 个显著性 QTL 和 2 个可能性 QTL，解释 6.1%～49.6%的表型变异，增效基因来自百棉 2 号或中棉所 12。

3. 主茎节间长度

2 个组合共检测到 6 个主茎节间长度 QTL，LOD 值为 2.02～5.69。组合 I 中检测到 3 个显著性 QTL 和 2 个可能性 QTL，解释 6.0%～17.4%的表型变异，这 5 个 QTL 中 3 个的增效基因来自百棉 2 号，2 个的来源于 TM-1。组合 II 检测到 1 个显著性 QTL，解释 54.6%的表型变异，增效基因来自百棉 2 号。

4. 总果枝数

2 个组合共检测到 9 个总果枝数 QTL，解释 5.7%～49.2%的表型变异。其中，组合 I 检测到 1 个显著性 QTL 和 6 个可能性 QTL，增效基因来自 TM-1；组合 II 检测到 1 个显著性 QTL 和 1 个可能性 QTL，增效基因分别来自百棉 2 号和中棉所 12。

5. 有效果枝数

2 个组合共检测到 3 个有效果枝数 QTL，LOD 值为 2.03～3.27。在组合 I 中，1 个可能性 QTL 解释 9.0%的表型变异，增效基因来自 TM-1。在组合 II 中，2 个显著性 QTL 分别解释 10.0%和 8.3%的表型变异，增效基因分别来自百棉 2 号和中棉所 12。

6. 果枝长度

2 个组合共检测到 8 个果枝长度 QTL，LOD 值范围是 2.03～5.67。在组合 I 中检测到 1 个可能性 QTL 和 4 个显著性 QTL，解释 4.7%～20.4%的表型变异；除了 QTL *qFBL-12/26* 的增效基因来自百棉 2 号，其他 QTL（*qFBL-1*、*qFBL-17*、*qFBL-11/21* 和 *qFBL-LG2*）均来自 TM-1。在组合 II 中检测到 3 个显著性 QTL，解

释 10.8%～42.5%的表型变异，增效基因均来自中棉所 12。

7. 果枝节数

2 个组合共检测到 8 个果枝节数 QTL，解释 5.3%～50.3%的表型变异，LOD 值范围是 2.16～3.68。在组合Ⅰ中，5 个可能性 QTL 分别定位在 C1（A1）、C1（A1）、C16（D7）、C17（D3）和 LG2。在组合Ⅱ中，1 个显著性 QTL 定位在 C17（D3）上，2 个可能性 QTL 定位在 C12/C26（A12/D12）和 LG4。所有 8 个 QTL 的增效基因均来自百棉 2 号。

8. 果枝节间长度

2 个组合共检测到 8 个果枝节间长度 QTL，在组合Ⅰ中检测到 3 个可能性 QTL 和 2 个显著性 QTL，分布在 5 条染色体上，解释 5.0%～8.0%的表型变异；*qFBIL-14* 和 *qFBIL-12/26* 的增效基因来自百棉 2 号，*qFBIL-9*、*qFBIL-15* 和 *qFBIL-16* 的增效基因来自 TM-1。在组合Ⅱ中检测到 3 个显著性的 QTL，分布在 3 条染色体上，解释 7.4%～22.4%的表型变异；*qFBIL-17*、*qFBIL-8/24* 的增效基因来自中棉所 12，*qFBIL-24* 的增效基因来自百棉 2 号。这 3 个 QTL 都有着相反方向的加性效应。

9. 总果节数

2 个组合共检测到 10 个总果节数 QTL，解释 5.0%～22.6%的表型变异。其中，组合Ⅰ中 5 个显著性 QTL：*qTFN-1*、*qTFN-17*、*qTFN-20a*、*qTFN-20b* 和 *qTFN-11/21*，分别解释 7.5%、7.0%、22.6%、11.2%和 8.4%的表型变异，另外还检测到 4 个可能性 QTL，所有 9 个 QTL 的增效基因均来自 TM-1；组合Ⅱ中 1 个显著性 QTL *qTFN-17* 解释 10.7%的表型变异，增效基因来自中棉所 12。

10. 果枝夹角

2 个组合共检测到 6 个果枝夹角 QTL，在组合Ⅰ中检测到 1 个显著性 QTL 和 2 个可能性 QTL，解释 5.8%～9.9%的表型变异，增效基因均来自百棉 2 号；在组合Ⅱ中检测到 3 个 QTL，其中 2 个显著性 QTL 分别解释 11.9%和 20.9%的表型变异，增效基因来自百棉 2 号或中棉所 12。

三、结论与讨论

（一）QTL 定位是解析棉花棉型性状的有效工具

棉花株型是影响产量和品质的重要农艺性状。多年来育种家一直致力于棉花的株型改良。例如，泗棉 3 号和百棉 1 号就是建立在株型改良的基础上培育成功的高产陆地棉品种（张培通等，2006；李成奇等，2010）。它们都具有适宜的株高和叶片大小、强健的主茎、较小的果枝夹角和适宜的果枝节间长度，株型改良对提高产量功不可没。QTL 定位是解析植物数量性状遗传机制的有效工具。本研究通过构建 2 个陆地棉组合的 $F_{2:3}$ 群体，进行棉花株型性状的 QTL 定位。2 个组合共检测到了 73 个 QTL（37 个显著性 QTL 和 36 个可能性 QTL），包括 5 个株高 QTL、10 个主茎节长 QTL、6 个主茎节间长 QTL、9 个总果枝数 QTL、3 个有效果枝数 QTL、8 个果枝长度 QTL、8 个果枝节数 QTL、8 个果枝节间长度 QTL、10 个总果枝节数 QTL 和 6 个果枝夹角 QTL，这些结果将有助于棉花株型性状的遗传解析。

（二）棉花株型性状 QTL 的成簇分布

QTL 的成簇分布在棉花上已有报道（Shappley et al.，1998；Mei et al.，2004；Wang et al.，2006；Qin et al.，2008；Song and Zhang，2009）。本研究也存在这种现象，共有 12 个标记区间定位了 2 个或多个目标性状。组合 I 有 8 个，分别位于 C1（A1）、C3（A3）、C11/C21（A11/D11）、C12/C26（A12/D12）、C17（D3）、C22（D4）、C16（D7）和 LG2 上；组合 II 有 4 个，分别位于 C9（A9）、C12（A12）、C17（D3）和 LG4 上。QTL 的成簇分布部分解释了性状间的遗传相关。一因多效或者控制不同性状的基因紧密连锁可以解释 QTL 的成簇分布（Yamamoto et al.，2009；Thumma et al.，2010）。基于高饱和遗传图谱的 QTL 分析将为这一现象提供更深层次的证据。

（三）株型性状共同 QTL

在不同世代、不同组合或不同群体中同时检测到的 QTL 为共同 QTL，这些QTL 可靠性高，可以提高标记辅助选择的效率和准确性。在棉花上，Shen 等（2005）利用 3 个群体进行了棉花纤维品质性状的 QTL 定位，结果显示在 2 个群体中发现了至少 3 个共同 QTL。秦永生等（2009）利用 2 个群体检测到了 4 个纤维品质性状的 8 个共同 QTL。Sun 等（2012）等检测到棉花纤维强度相关的 2个共同 QTL，它们在 3 个世代和 4 个环境中都能稳定遗传。稳定 QTL 应用于标记辅助选择已有报道（Guo et al.，2005）。通过分析前人报道的棉花株型性状 QTL（Wang et al.，2006；张培通等，2006；Song and Zhang，2009），没有 QTL 在不同世代或不同群体中被同时检测到。本研究结果显示 4 个 QTL 为共同 QTL，分别是总果节数 QTL *qTFN-17*、果枝节数 QTL *qFBN-17*、果枝长度 QTL *qFBL-17*、总果枝数 QTL *qTFB-17a/qTFB-17b*（*qTFB-17*）。它们在 2 个组合中都位于 C17（D3）的标记 DPL0041 和 TBM0471 附近。此外，所有这些 QTL 的加性效应都来自亲本 TM-1 或中棉所 12。因此，这 4 个 QTL 可信度高，可以用于棉花株型的标记辅助选择。虽然本研究只检测到 4 个共同 QTL，但由于株型性状间存在高度的遗传相关性，因此，对这 4 个共同 QTL 的标记辅助选择可以实现其他相关性状的同时改良。更幸运的是，4 个共同 QTL 中，*qTFN-17* 和 *qFBL-17* 在 2 个组合中都是显著性 QTL，至少解释 10.0%的表型变异。因此，这两个 QTL 在标记辅助选择中建议优先考虑。除此之外，通过和前人研究比较发现，有 4 个 QTL 所处的染色体与 Song 和 Zhang（2009）的结果一致，分别是组合Ⅰ中的果枝节间长度 *QTL qFBIL-16*（*C16/D7*）和主茎节间长 QTL *qSIL-11*（*C11/A11*），组合Ⅱ中的果枝节间长度 QTL *qFBIL-17*（*C17/D3*）和果枝夹角 QTL *qFBA-3*（*C11/A11*）。但由于缺乏共同的标记，这些 QTL 是否是共同 QTL 尚需进一步积累资料验证。

（四）株型性状增效基因来源

QTL 的增效基因并不都来源于高值亲本（Devicente and Tanksley，1993；Shen et al.，2007）。本研究中，在 2 个组合检测到的 73 个 QTL 中，有 50 个 QTL 的增效基因来源于高值亲本 TM-1 或中棉所 12，23 个来自于低值亲本百棉 2 号。这表明低值亲本也可能含有目标性状的增效基因，从而产生后代个体的超亲遗传（Devicente and Tanksley，1993）。对株型的 QTL 分析不仅可以促进株型的分子育种，还可以从根本上阐明株型调控的分子机制。QTL 定位只是相关基因鉴定和克隆的第一步。在水稻上，利用定位克隆方法已获得了一些株型相关基因如 *LA1*、*TAC1*、*PROG1*、*OsLIC* 和 *OsSPL14*，试图阐明株型调控的分子机制（Li et al.，2007；Chen et al.，2008；Jin et al.，2008；Jiao et al.，2010）。因此，今后棉花株型的 QTL 研究也应该在该方面有所突破。

参 考 文 献

艾尼江，朱新霞，管荣展，等.2010. 棉花生育期的主位点组遗传分析. 中国农业科学，43（20）：4140-4148

李成奇，郭旺珍，马晓玲，等. 2008. 陆地棉衣分差异群体产量及产量构成因素的 QTL 标记和定位. 棉花学报，20（3）：163-169

李成奇，李玉青，王清连，等.2011. 不同生态环境下陆地棉生育期及产量性状的遗传研究. 华北农学报，26（1）：140-145

李成奇，王清连，董娜，等.2010. 陆地棉品种百棉 1 号主要株型性状的遗传研究. 棉花学报，22（5）：415-421

秦永生，叶文雪，刘任重，等.2009. 陆地棉纤维品质相关 OTL 定位研究. 中国农业科学，42（12）：4145-4154

谭联望，刘正德.1990. 中棉所 12 的选育及其种性研究. 中国农业科学，23（3）：12-19

王清连.2004. 棉花新品种百棉 1 号选育报告. 河南职业技术师范学院学报，32（3）：1-3

喻树迅，黄祯茂.1990. 短季棉品种早熟性构成因素的遗传分析. 中国农业科学，23（6）：48-54

张培通，朱协飞，郭旺珍，等. 2006. 泗棉 3 号理想株型的遗传及分子标记研究，棉花学报，

18 (1): 13-18

朱高岭，王春虎，郭秀华，等. 2008. 百棉 2 号生育特性的初步研究. 河南农业科学，37（4）: 47-50

Basten CJ, Weir BS, Zeng ZB. 2001. QTL Cartographer, Version 1. 15. Raleigh, NC: Department of Statistics, North Carolina State University

Chen PL, Jiang CY, Yu CY, et al. 2008. The identification and mapping of a tiller angle QTL on rice chromosome 9. Crop Sci, 48(5): 1799-1806

Churchill GA, Doerge RW. 1994. Empirical threshold values for quantitative trait mapping. Genetics, 138(3): 963-971

Devicente MC, Tanksley SD. 1993. QTL analysis of transgressive segregation in an interspecific tomato cross. Genetics, 134(2): 585-596

Guo WZ, Cai CP, Wang CB, et al. 2007. A microsatellite-based, gene-rich linkage map reveals genome structure, function, and evolution in *Gossypium*. Genetics, 176(1): 527-541

Guo WZ, Zhang TZ, Ding YZ, et al. 2005. Molecular marker assisted selection and pyramiding of two QTL for fiber strength in upland cotton. Acta Genet Sin, 32(12): 1275-1285

Han ZG, Guo WZ, Song XL, et al. 2004. Genetic mapping of EST-derived microsatellites from the diploid *Gossypium arboreum* in allotetraploid cotton. Mol Genet Genomics, 272(3): 308-327

Jiang CX, Wright RJ, El-Zik KM, et al. 1998. Polyploid formation created unique avenues for response to selection in *Gossypium* (cotton). Proc Natl Acad Sci, 95(8): 4419-4424

Jiang FJ, Zhao L, Zhou WZ, et al. 2009. Molecular mapping of Verticillium wilt resistance QTL clustered on chromosomes D7 and D9 in upland cotton. Sci China Ser C, 52(9): 872-884

Jiao YQ, Wang YH, Xue DW, et al. 2010. Regulation of *OsSPL14* by *OsmiR156* defines ideal plant architecture in rice. Nat Genet, 42(6): 541-554

Jin J, Huang W, Gao JP, et al. 2008. Genetic control of rice plant architecture under domestication. Nat Genet, 40(11): 1365-1369

Kanbe TH, Sasaki N, Aoki T, et al. 2008. Identification of QTL for improvement of plant type in rice (*Oryza sativa* L.) using Koshihikari/Kasalath chromosome segment substitution lines and backcross progeny F_2 population. Plant Prod Sci, 11: 447-456

Kohel RJ, Richmond TR, Lewis CF. 1970. Texas marker-1: Description of a genetic standard for *Gossypium hirsutum* L. Crop Sci, 10(6): 670-671

Ku LX, Zhao WM, Zhang J, et al. 2010. Quantitative trait loci mapping of leaf angle and leaf orientation value in maize (*Zea mays* L.). Theor Appl Genet, 121(5): 951-959

Lander E, Kruglyak K. 1995. Genetic dissection of complex traits: Guidelines for interpreting and reporting linkage results. Nat Genet, 11(3): 241-247

Lefebvre V, Palloix A. 1996. Both epistatic and additive effects of QTLs are involved in polygenic induced resistance to disease: a case study, the interaction pepper – *Phytophtora capsici* Leonian. Theor Appl Genet, 93(4): 503-511

Li CQ, Song L, Zhao HH, et al. 2014a. Identification of quantitative trait loci with main and epistatic effects for plant architecture traits in upland cotton (*Gossypium hirsutum* L.). Plant Breeding, 133(3): 390-400

Li CQ, Song L, Zhao HH, et al. 2014b. Quantitative trait loci mapping for plant architecture traits across two upland cotton populations using SSR markers. J Agric Sci, 152(2): 275-287

Li JZ, Fu CY, Zhang HL, et al. 2009. QTL mapping and QTL×environment interactions of appearance quality in upland rice introgression lines under upland and lowland environments. J Agric Biotechnol, 17: 651-658

Li PJ, Wang YH, Qian Q, et al. 2007. *LAZY1* controls rice shoot gravitropism through regulating polar auxin transport. Cell Res, 17(5): 402-410

Liu GS, Xu B, Ni ZF, et al. 2011. Molecular dissection of plant height QTL using recombinant inbred lines from hybrids between common wheat (*Triticum aestivum* L.) and spelt wheat (*Triticum spelta* L.). Chinese Sci Bull, 58(18): 1897-1903

Liu RZ, Wang BH, Guo WZ, et al. 2012. Quantitative trait loci mapping for yield and its components by using two immortalized populations of a heterotic hybrid in *Gossypium hirsutum* L. Mol Breeding, 29(2): 297-311

Lou JL, Chen G, Yue Q, et al. 2009. QTL mapping of grain quality traits in rice. J Cereal Sci, 50(2): 145-151

Malmberg RL, Held S, Waits A. 2005. Epistasis for fitness-related quantitative traits in *Arabidopsis thaliana* grown in the field and in the greenhouse. Genetica, 171: 2013-2027

Mccouch SR, Cho YG, Yano PE, et al. 1997. Report on QTL nomenclature. Rice Genet Newslett, 14: 11-13

Mei M, Syed NH, Gao W, et al. 2004. Genetic mapping and QTL analysis of fiber-related traits in cotton (*Gossypium*). Theor Appl Genet, 108(2): 280-291

Meng L, Li H, Zhang L, et al. 2015. QTL IciMapping: Integrated software for genetic linkage map construction and quantitative trait locus mapping in biparental populations. Crop J, (3): 269-283.

Mohan AP, Kulwal R, Singh V, et al. 2009. Genome-wide QTL analysis for pre-harvest spouting tolerance in bread wheat. Euphytica, 168(3): 319-329

Nguyen TB, Giband M, Brottier P, et al. 2004. Wide coverage of the tetraploid cotton genome using newly developed microsatellite markers. Theor Appl Genet, 109(1): 167-175

Paterson AH, Brubaker C, Wendel JF. 1993. A rapid method for extraction of cotton (*Gossypium* spp.)genomic DNA suitable for RFLP or PCR analysis. Plant Mol Biol Rep, 11(2): 122-127

Peng JD, Richards E, Hartley NM, et al. 1999. 'Green Revolution' genes encode mutant gibberellin response modulators. Nature, 400(6741): 256-261

Pilet ML, Delourme R, Foisset N. 1998. Identification of loci contributing to quantitative field resistance to blackleg disease, causal agent *Leptosphaeria maculans* (Desm.) Ces. et de Not. in winter rapeseed (*Brassica napus* L.). Theor Appl Genet, 96(1): 23-30

Qin HD, Guo WZ, Zhang YM. 2008. QTL mapping of yield and fiber traits based on a four-way cross population in *Gossypium hirsutum* L. Theor Appl Genet, 117(6): 883-894

Reinhardt D, Kuhlemeier C. 2002. Plant architecture. EMBO Rep, 3(9): 846-851

Shappley ZW, Jenkins JN, Zhu J. 1998. Quantitative trait loci associated with yield and fiber traits of upland cotton. J Cotton Sci, 2(4): 153-163

Shen XL, Guo WZ, Lu QX, et al. 2007. Genetic mapping of quantitative trait loci for fiber quality and yield trait by RIL approach in upland cotton. Euphytica, 155(3): 371-380

Shen XL, Guo WZ, Zhu XF, et al. 2005. Molecular mapping of QTL for fiber qualities in three diverse lines in upland cotton using SSR markers. Mol Breeding, 15(2): 169-181

Song XL, Zhang TZ. 2009. Quantitative trait loci controlling plant architectural traits in cotton. Plant Sci, 177(4): 317-323

Sun FD, Zhang JH, Wang SF, et al. 2012. QTL mapping for fiber quality traits across multiple generations and environments in upland cotton. Mol Breeding, 30(1): 569-582

Tang JH, Teng WT, Yan JB, et al. 2007. Genetic dissection of plant height by molecular markers using a population of recombinant inbred lines in maize. Euphytica, 155(1): 117-124

Thumma BR, Southerton SG, Bell JC, et al. 2010. Quantitative trait locus (QTL) analysis of wood quality traits in *Eucalyptus nitens*. Tree Genet Genomes, 6(2): 305-317

van Ooijen JW, Voorrips RE. 2001. JoinMap: Version 3. 0: software for the calculation of genetic linkage maps. The Netherlands: CPRO-DLO, Wageningen

Voorrips RE. 2006. MapChart 2.2 Software for the Graphical Presentation of Linkage Maps and QTL. The Netherlands: Plant Research International, Wageningen

Wang BH, Wu YT, Huang NT, et al. 2006. QTL mapping for plant architecture traits in upland cotton using RILs and SSR markers. Acta Genet Sin, 33(2): 161-170

Wang PG, Zhou L, Yu HH, et al. 2011. Fine mapping a major QTL for flag leaf size and yield-related traits in rice. Theor Appl Genet, 123(8): 1319-1330.

Wang ZH, Wu XS, Ren QX, et al. 2010. QTL mapping for developmental behavior of plant height in wheat (*Triticum aestivum* L.). Euphytica, 174(3): 447-458

Xu DL, Cai YL, Lv XG, et al. 2009. QTL mapping for plant-tape traits in maize. Maize Sci, 17: 27-31

Xu SZ, Jia ZY. 2007. Genome-wide analysis of epistatic effects for quantitative traits in barley. Genetics, 175(4): 1955-1963

Yamamoto T, Yonemaru J, Yano M. 2009. Towards the understanding of complex trait in rice: substantially or superficially? DNA Res, 16(3): 141-154

Yang XC, Hwa CM. 2008. Genetic modification of plant architecture and variety improvement in rice. Heredity, 101(5): 396-404

Zeng ZB. 1994. Precision mapping of quantitative trait loci. Genetics, 136(4): 1457-1468

Zhang FJ, Jiang F, Chen SM, et al. 2012. Mapping single-locus and epistatic quantitative trait loci for plant architectural traits in chrysanthemum. Mol Breeding, 30(2): 1027-1036

Zhang JW, Guo Z, Zhang TZ. 2002. Molecular linkage map of allotetraploid cotton (*Gossypium hirsutum* L.×*Gossypium barbadense* L.) with a haploid population. Theor Appl Genet, 105(8): 1166-1174

Zhang TZ, Yuan YL, Yu J, et al. 2003. Molecular tagging of a major QTL for fiber strength in upland cotton and its marker-assisted selection. Theor Appl Genet, 106(2): 262-268

第五章　棉花株型性状的关联作图

第一节　基于表型和分子标记评价中国陆地棉品种资源遗传多样性

　　棉花是重要的经济作物,不但提供了世界上绝大部分的天然纤维,而且也是重要的食用油来源。在陆地棉、海岛棉、亚洲棉和非洲棉 4 个栽培种中,陆地棉因其产量高、适应性广等特点在世界范围内广泛种植,面积占 94%左右,贡献了世界棉花产量的 95%(Chen et al.,2007),在世界棉花生产中占有举足轻重的地位。然而,在陆地棉育种中,过多地依赖少数基础种质及长期的早熟、抗虫、抗病等选择压力下的驯化,造成陆地棉品种的遗传多样性已经远远小于其原始物种(Iqbal et al.,2001)。狭窄的遗传基础已成为限制陆地棉育种突破和发展的主要因素(Bowman et al.,1996;Iqbal et al.,1997;Zhang et al.,2005)。开展陆地棉品种资源的遗传多样性研究,不仅可以明确现有品种的遗传背景和系谱关系,还为种质资源的引进提供参考价值。多样性信息有助于拓宽陆地棉遗传基础,指导杂交育种的亲本选配。

　　表型性状和分子标记是研究遗传多样性的主要途径。利用表型性状研究遗传多样性是最直观、最基础的方法,能从整体水平上了解资源的丰富程度,为使用者提供重要信息(Ge and Hong,1994;Pan et al.,2015)。利用表型性状研究陆地棉种质资源遗传多样性已有许多报道(Esbroeck et al.,1999;陈光和杜雄明,2006;He et al.,2010;Talib et al.,2015)。虽然表型差异能反映出一定程度的遗传多样性,但表型性状中的质量性状比较有限,数量性状又容易受环境条件的影响(Qian et al.,1994)。近年发展起来的以 DNA 多态性为基础的分子标记,可直接反映生物个体在 DNA 水平上的差异,不受环境条件的影响,为陆地棉品种资源遗传多样性研究提供了新的方法和手段。前人已利用各种分子标记对陆地棉的遗传多样性进行了分析,包括 RAPD(random amplification polymorphic DNA)(Iqbal et al.,1997;Multani and Lyon,1995)、RFLP(restriction fragment length polymorphism)(Wendel and Brubaker,1993;Brubaker and Wendel,1994)、AFLP(amplified fragment length polymorphism)(Pillay and Myers,1999;Abdalla et al.,2001)和 SSR(Zhang et al.,2005;Zhao et al.,2015)等。虽然利用分子标记技术可以更准确地了解植物的遗传多样性,但难以与具体的性状表型结合起来(Chen et al.,2009)。

　　将表型性状和分子标记数据结合起来估计种质资源的遗传多样性,可以从性状表达和基因组水平两方面全面准确地阐明种质间的亲缘关系（Reed and Frankham，2001；Zhang et al.，2012）。目前该方法已被应用于大田作物包括水稻（Li et al.，2010）、玉米（Sharma et al.，2010）、小麦（Liu et al.，2007）、大麦（Hamza et al.，2004）、大豆（Cornelious and Sneller，2002）、高粱（Geleta et al.，2006）、橄榄（Belaj et al.，2012）、珍珠稷（Stich et al.，2010）和芝麻（Zhang et al.，2012）等的遗传多样性研究中。结合表型性状和分子标记对棉花种质资源进行遗传多样性研究也取得了一定进展。Wu 等（2001）利用 14 个表型性状和 3 种分子标记 RAPD、ISSR（inter-simple sequence repeat）、SSR 对中国和其他国家的 36 个陆地棉品种的遗传多样性进行了研究。他们发现，基于表型性状的聚类结果和基于分子标记的聚类结果基本一致，中国的陆地棉品种经过系统育种和杂交育种、自然选择和人工选择，已形成了自己的棉花品种类群。Rana 等（2005）利用 14 个表型性状和 6 个 AFLP 标记研究了印度 24 个陆地棉材料的遗传多样性。他们发现，品系 RST-12、H 1226、P 348、KDCAKD、CISV 24 和 H1222 与其他试验材料具有明显不同的特点。Campbell 等（2009b）利用 5 个表型性状和 104 个 SSR 标记评价了 82 个 Pee Dee 陆地棉品种（系）的遗传多样性。结果表明，Pee Dee 陆地棉品种（系）仍然保持大量的遗传变异。上述研究为揭示陆地棉种质资源的亲缘关系提供了重要信息。但由于这些研究采用的试验材料样本较小，标记数目较少，且覆盖的基因组范围狭窄，因此难以全面准确地评价种质资源的遗传多样性。

　　中国是棉花种植面积最大的国家之一。19 世纪从美国引进陆地棉以来，通过系统育种、杂交育种和其他育种技术，现已选育成近千个栽培陆地棉品种，分布于我国的各大棉区（Wu et al.，2001）。本研究利用 172 个陆地棉骨干品种和 154 个多态性 SSR 分子标记，在 18 个重要农艺和经济性状多环境表型鉴定的基础上，通过比较基于表型性状和分子标记资料的聚类结果，全面深入地剖析陆地棉品种间的亲缘关系。

一、材料与方法

（一）试验材料及田间设计

　　以我国近年育成或引进的来自黄河流域、长江流域、西北内陆和北部特早熟四大棉区的 172 个陆地棉骨干品种为试验材料（表 5-1）。所有材料均经过多代自交。2012 年、2013 年将 172 份材料分别在河南新乡（黄河流域棉区）和新疆石河子（西北内陆棉区）两地种植，田间试验采用完全随机区组设计，单行区，2 次重复。新乡点每行 14～16 株，行长 5.0m，行距 1.0m；石河子点每行 48～50 株，行长 5.0m，行距 0.45m。当地大田常规管理。

表 5-1　供试材料的来源、数目及名称

材料来源	数目	材料名称（在所有材料中的顺序号）
黄河流域棉区	64	中棉所 8 号（53），中棉所 10 号（54），中棉所 12 号（55），中棉所 13 号（56），中棉所 14 号（57），中棉所 15 号（58），中棉所 17 号（60），中棉所 18 号（61），中棉所 19 号（62），中棉所 20 号（63），中棉所 22 号（64），中棉所 23 号（65），中棉所 24 号（66），中棉所 25 号（67），中棉所 26 号（68），中棉所 27 号（69），中棉所 30 号（70），中棉所 31 号（71），中棉所 33 号（72），中棉所 34 号（73），中棉所 35 号（74），中棉所 36 号（75），中棉所 37 号（76），中棉所 40 号（77），中棉所 42 号（78），中棉所 50 号（79），中棉所 58 号（80），中棉所 64 号（81），中植棉 2 号（82），百棉 1 号（92），百棉 2 号（93），百棉 5 号（94），汾无 195（109），国欣棉 3 号（145），邯郸 802（162），邯郸 885（163），冀棉 1 号（147），冀棉 7 号（148），冀棉 12 号（149），冀棉 958（146），晋棉 13 号（135），晋棉 29 号（138），晋棉 36 号（139），晋棉 45 号（140），鲁棉 1 号（101），鲁棉 4 号（102），鲁棉 6 号（103），鲁棉 10 号（104），鲁棉研 21（105），鲁棉研 28（106），鲁棉研 29（107），陕 1155（160），陕 2365（161），陕棉 4 号（159），石远 321（108），系 9（51），鑫秋 1 号（124），豫棉 1 号（95），豫棉 5 号（96），豫棉 7 号（97），豫棉 9 号（98），豫棉 12 号（99），豫棉 21 号（100），中 1707（59）
长江流域棉区	25	泗棉 2 号（125），泗棉 3 号（126），泗棉 4 号（127），苏棉 1 号（115），苏棉 6 号（116），苏棉 9 号（117），苏棉 10 号（118），苏棉 12 号（119），苏棉 16 号（120），湘棉 3 号（111），湘棉 10 号（112），徐州 142（121），盐棉 48（113），鄂荆 1 号（150），鄂棉 3 号（151），鄂棉 14 号（152），鄂沙 28（153），川棉 56（128），岱红岱（155），洞庭 1 号（123），赣棉 8 号（164），江苏棉 1 号（114），荆 8891（154），钱江 9 号（110），黔农 465（122）
西北内陆棉区	55	新陆早 1 号（3），新陆早 2 号（4），新陆早 3 号（5），新陆早 4 号（6），新陆早 5 号（7），新陆早 6 号（8），新陆早 7 号（9），新陆早 8 号（10），新陆早 9 号（11），新陆早 10 号（12），新陆早 11 号（14），新陆早 12 号（15），新陆早 13 号（16），新陆早 15 号（17），新陆早 16 号（18），新陆早 17 号（19），新陆早 18 号（20），新陆早 19 号（21），新陆早 20 号（22），新陆早 21 号（23），新陆早 22 号（24），新陆早 23 号（25），新陆早 24 号（26），新陆早 25 号（27），新陆早 26 号（28），新陆早 27 号（29），新陆早 28 号（30），新陆早 29 号（31），新陆早 30 号（32），新陆早 31 号（33），新陆早 32 号（34），新陆早 33 号（35），新陆早 34 号（36），新陆早 35 号（37），新陆早 36 号（38），新陆早 37 号（39），新陆早 38 号（40），新陆早 39 号（41），新陆早 40 号（42），新陆早 41 号（43），新陆早 42 号（44），新陆早 45 号（45），新陆早 46 号（46），新陆早 47 号（47），新陆早 48 号（48），新陆早 49 号（49），新陆早 51 号（50），新陆中 36 号（52），18-3（13），拉玛干 77（172），锦棉 1 号（141），锦棉 2 号（142），锦棉 4 号（143），锦棉 5 号（144），绿早 254（166）
北部特早熟棉区	18	黑山棉（2），辽棉 4 号（83），辽棉 5 号（84），辽棉 7 号（85），辽棉 8 号（86），辽棉 10 号（87），辽棉 16 号（88），辽棉 18 号（89），辽棉 19 号（90），辽棉 23 号（91），晋中 169（129），晋中 200（130），晋棉 5 号（131），晋棉 6 号（132），晋棉 8 号（133），晋棉 9 号（134），晋棉 14 号（136），晋棉 24 号（137）
国外引进	10	KK1543（1），斯字棉 2B（156），岱字棉 15（157），岱字棉 16（158），贝尔斯诺（168），乌干达 3 号（165），石选 87（167），99M4（169），99M7（170），99M8（171）

（二）表型性状考查

考查所有材料的 18 个农艺和经济性状，包括子棉产量、皮棉产量、单株铃数、铃重、衣分、衣指、子指、纤维长度、纤维强度、纤维细度、纤维伸长率、纤维整齐度、苗期、蕾期、花铃期、生育期、果枝始节和果枝始节高度。每行材料随机选择 10 株用于性状考查。在棉花收获期调查单株铃数。从每行植株中部摘取正常开裂的 20 个棉铃用于考种，获得铃重、衣分、衣指和子指。收获定点植株的全部棉铃用于计算单株子棉产量，轧花后获得皮棉产量。每行材料中取 15g 左右的皮棉样送中国农科院棉花研究所棉花质量检测中心检测纤维长度、纤维强度、纤维细度、纤维整齐度和纤维伸长率等 5 个纤维品质性状（HVISPECTRUM，HVICC 校准水平）。在棉花整个生育期，调查每行材料的苗期（出苗～现蕾）、现蕾期（现蕾～开花）、花铃期（开花～吐絮）、生育期（出苗～吐絮）、果枝始节和果枝始节高度。将每个材料 4 个环境中每个性状的平均值作为该材料目标性状的最终表型值。

（三）SSR 分子标记选择与基因分型

选取中上部幼嫩叶片进行 DNA 提取（Paterson et al.，1993）。依据 Guo 等（2007）构建的遗传图谱，在棉花 26 条连锁群上每 10cM 选取一个 SSR 标记，共选取 381 个标记；另外，参考近年来已报道的与陆地棉重要农艺和经济性状连锁或紧密连锁的分子标记（Nguyen et al.，2004；Shen et al.，2007；Song and Zhang，2009；Li et al.，2013），共选取 64 个标记。引物序列从棉花 CMD（http://www.cottonmarker.org）下载，由南京金斯瑞生物科技有限公司合成。利用上述 445 对 SSR 引物对 172 个样品材料 DNA 进行 PCR 扩增。扩增程序为：95℃预变性 2min；94℃变性 40s、57℃退火 45s、72℃延伸 60s，共 30 个循环；72℃延伸 7min。扩增产物经非变性聚丙烯酰胺凝胶电泳进行分离，凝胶浓度为 9%，180V 恒压电泳 1.5h。电泳结束后，采用 Zhang 等（2002）的方法进行银染。

参照 Mei 等（2013）的方法记录各材料的标记基因型，具体是：以第一个材料 KK1543 为参照（记为 1），其他材料与 KK1543 带型相同的记为 1，第一种与其不同的记为 2，第二种与其不同的记为 3，以此类推，作为该位点的等位基因，构成各品种的等位基因矩阵。

（四）数据分析

利用 SAS 9.4 软件对所有材料的 18 个表型性状进行基本统计和方差分析。将各性状两年两点 4 个环境的表现型均值，利用 NTSYSpc 2.10e 软件将数据标准化后，计算欧式（Euclidean genetic distance，EUCLID）遗传距离，以类平均法（unweighted pair-group method with arithmetic means，UPGMA）对 172 个材料进行聚类分析（Rohlf，2000）。利用 PowerMarker V3.25（Liu and Muse，2005）的 Summary 功能对供试材料的 SSR 等位基因矩阵进行分析，统计所有多态性位点的等位基因数、基因多样性指数（diversity index，Di）和多态信息含量（polymorphism information content，PIC）；利用 Phylogeny 功能，计算 172 个品种间基于 SSR 标记的 Nei's 遗传距离；并基于该遗传距离，构建 172 个品种的 Neighbor-Jioning（NJ）聚类图。

二、结果与分析

（一）基于表型性状的遗传多样性估计

1. 表型性状的变异分析

对 172 个陆地棉品种各表型性状 4 个环境的平均值进行了变异分析（表 5-2）。18 个性状中，皮棉产量的变异系数最大，为 21.79%，纤维整齐度的变异系数最小，为 1.25%。各性状按变异系数由大到小排列依次为：皮棉产量、子棉产量、单株铃数、果枝始节高度、果枝始节、衣指、纤维细度、纤维强度、蕾期、苗期、铃重、子指、花铃期、衣分、生育期、纤维长度、纤维伸长率和纤维整齐度。各性状变异系数的差异反映了它们各自的变异程度，变异系数较大的性状具有较丰富的遗传多样性。所有 18 个性状的基因型方差、环境方差、基因型×环境互作方差均达到显著或极显著水平，表明这些性状属于复杂的数量性状，受基因型×环境共同控制。

表 5-2　供试材料 18 个农艺性状的统计分析

性状	最小值	最大值	均值	标准差	变异系数/%	F 值		
						基因型	环境	基因型×环境
子棉产量/g	33.58	83.18	57.39	10.78	18.79	3.17***	308.47***	1.69***
皮棉产量/g	13.03	37.28	22.00	4.79	21.79	3.91***	203.03***	1.72***
单株铃数	4.80	19.14	12.09	2.10	17.38	2.22***	216.56***	1.89***
铃重/g	4.29	6.78	5.67	0.37	6.61	4.57***	256.90***	1.83***
衣分/%	33.09	43.52	38.34	2.02	5.27	16.89***	753.97***	3.03***
衣指/g	5.09	7.79	6.67	0.57	8.48	5.22***	35.80**	1.14*
子指/g	9.57	13.06	11.16	0.73	6.59	5.31***	41.80**	1.22**
纤维长度/mm	25.58	31.92	28.70	1.14	3.96	11.69***	149.97***	1.15**
纤维强度/（cN/Tex）	25.46	36.30	29.07	2.11	7.26	14.15***	113.20***	1.32***
纤维细度	3.48	5.22	4.53	0.33	7.37	5.02***	603.64***	1.40***
纤维伸长率/mm	6.44	6.73	6.59	0.18	2.73	2.81***	531.17***	1.52**

续表

性状	最小值	最大值	均值	标准差	变异系数/%	F值		
						基因型	环境	基因型×环境
纤维整齐度	82.03	86.13	84.56	1.06	1.25	2.68***	148.77***	1.24**
苗期/d	30.00	38.88	33.83	1.98	7.11	10.01***	653.26***	1.68***
蕾期/d	23.63	29.75	26.47	1.26	7.24	3.42***	561.53***	1.35**
花铃期/d	50.75	61.63	55.76	2.485	6.17	5.70***	649.74***	2.96***
生育期/d	107.63	127.13	116.02	4.67	4.72	17.39***	570.04***	1.87**
果枝始节	4.10	7.50	5.55	0.61	10.97	22.68***	642.10***	2.07**
果枝始节高度/cm	13.90	28.40	20.83	3.03	14.55	33.66***	623.55***	1.10*

*、**和***分别表示在 0.05、0.01 和 0.001 水平上差异显著

2. 基于表型资料的聚类分析

利用 NTSYSpc 2.10e 软件的类平均法，对 172 个陆地棉品种进行了基于表型资料的聚类分析，172 个陆地棉品种在欧式距离为 6.17 处划分为 5 大类群（Ⅰ～Ⅴ，图 5-1）。将各类群表型性状的平均值列于表 5-3。

第Ⅰ类群仅有一个材料，即来自乌兹别克的 KK1543（1），在一些性状上表现出突出的优势，如纤维伸长率最大，子指、花铃期、生育期、果枝始节和果枝始节高度最小。第Ⅱ类群包含 2 个材料，即来自长江流域棉区的苏棉 12 号（119）和西北内陆棉区的锦棉 2 号（142），所有性状均表现一般。第Ⅲ类群包含材料最多，共 89 个，占材料总数的 51.7%；在欧氏距离 5.35 处可将该类群划分为 4 个亚类（Ⅲ-1、Ⅲ-2、Ⅲ-3 和Ⅲ-4）。其中第Ⅲ-1 亚类包含 19 个材料，分别来自黄河流域棉区、西北内陆棉区和北部特早熟棉区，性状表现为蕾期最小；第Ⅲ-2 亚类包含 53 个材料，除岱字棉 15（157）、岱字棉 16（158）为美国材料外，其余来自黄河流域棉区、西北内陆棉区和北部特早熟棉区，所有性状表现一般；第Ⅲ-3 亚类仅有一个材料，即来自西北内陆棉区的新陆早 11 号（14），表现为铃重和纤维细度最大，苗期最小；第Ⅲ-4 亚类包含 16 个材料，主要来自西北内陆棉区，性状表现为纤维长度、纤维强度、纤维整齐度最大。第Ⅳ类群包含材料较多，共 74 个，占材料总数的 43.0%。在欧氏距离 5.18 处可将该类群划分为 2 个亚类。其中第Ⅳ-1 亚类包含 29 个材料，主要来自黄河流域棉区，性状表现为子棉产量、皮棉产量、单株铃数、衣分和衣指最高；第Ⅳ-2 亚类包含 45 个材料，主要来自黄河流域和长江流域棉区，性状表现一般。第Ⅴ类群包含 6 个材料，晋中 169（129）来自北部特早熟棉区，黔农 465（122）和岱红岱（155）来自长江流域棉区，乌干达 3 号（165）来自乌干达，99M4（169）和 99M7（170）来自美国，该类材料性状表现均一般。

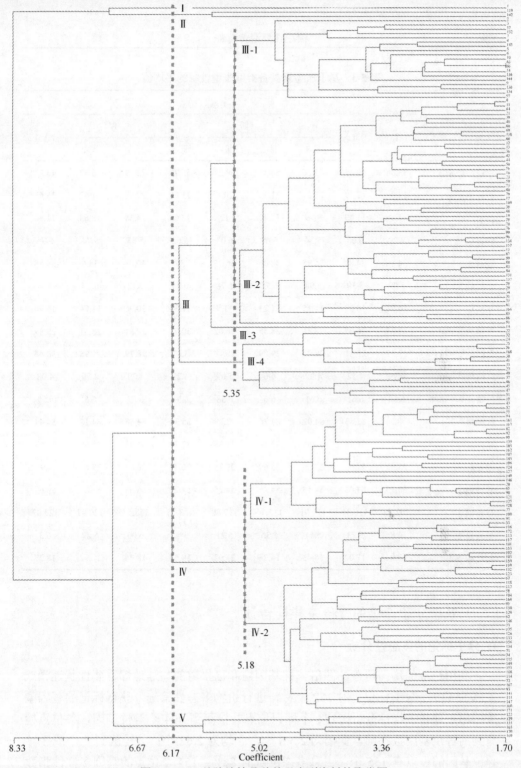

图 5-1　172 份陆地棉品种基于表型资料的聚类图

所有材料被划分为 5 个类群（Ⅰ～Ⅴ）。其中，第Ⅲ类群被划分为 4 个亚类（Ⅲ-1、Ⅲ-2、Ⅲ-3 和Ⅲ-4），第Ⅳ类群
被划分为 2 个亚类（Ⅳ-1 和Ⅳ-2）

表 5-3　基于表型聚类各类群表型性状的平均值

性状	类群								
	I	II	III-1	III-2	III-3	III-4	IV-1	IV-2	V
子棉产量/g	33.58	50.45	45.26	56.38	69.27	55.79	72.79	56.52	45.43
皮棉产量/g	13.09	17.49	16.04	21.53	24.6	21.68	29.38	21.62	15.68
铃数	7.6	11.09	9.79	11.41	12	12.09	14.38	12.63	11.46
铃重/g	4.29	5.06	5.34	5.68	6.03	5.62	5.85	5.74	5.76
衣分/%	34.56	34.87	35.98	38.46	36.25	39	40.03	38.6	34.88
衣指/g	5.09	5.39	5.98	6.71	5.78	6.84	7.13	6.77	6.1
子指/g	10.01	10.09	11.15	11.23	11.7	11.34	10.96	11.04	11.96
纤维长度/mm	23.25	26.07	28.21	28.55	26.82	30.71	28.81	28.31	29.87
纤维强度/(cN/Tex)	23.57	25.81	28.01	29.09	28.14	33.7	28.79	27.98	30.44
纤维细度	4.99	4.52	4.22	4.6	5.09	4.23	4.79	4.56	4.08
纤维伸长率/mm	6.68	6.61	6.61	6	6.58	6.54	6.57	6.6	6.59
纤维整齐度	82	82.83	84.02	84.76	83.89	85.33	84.88	84.17	84.44
苗期/d	31.75	35.56	31.61	32.66	31.38	32.79	34.93	35.69	34.63
蕾期/d	25.38	27.63	25.26	25.69	27.25	26.74	26.67	27.41	29
花铃期/d	50.75	53.63	54.18	54.26	54.25	54.22	56.93	57.85	59.65
生育期/d	107.88	116.81	111.01	112.56	112.88	113.75	118.52	120.97	123.02
果枝始节	4.8	6.23	5.11	5.35	5.21	5.42	6.06	6.22	6.3
果枝始节高度/cm	12.84	17.02	15.43	16.26	21.92	19.54	18.26	17.92	18.27

（二）基于分子标记的遗传多样性估计

1. 分子标记的多态性分析

利用选取的均匀覆盖的四倍体棉基因组和已报道的与陆地棉重要性状连锁或关联的 445 个分子标记，对 172 个材料进行引物多态性筛选，获得标记的基因型数据用于遗传多样性分析。154 个标记位点共检测到 404 个等位基因，各位点检测到的等位基因数不同，变幅为 2~6 个，平均为 2.62 个；只检测到 2 个或 3 个等位基因的位点有 135 个，占总多态位点的 88%；154 个位点的基因多样性指数（Di）和多态信息含量（PIC）的变幅分别为 0.0387~0.7799 和 0.0379~0.7473，平均值分别为 0.3985 和 0.3343（表 5-4）。

表 5-4　26 条染色体上 154 个多态性标记的分布和特点

染色体（亚基因组）	多态性标记	等位基因数	基因多样性指数（Di）	多态信息含量（PIC）
Chr.01（A01）	7	2，3，3，3，3，4，6	0.4179~0.7799	0.3632~0.7473
Chr.02（A02）	6	2，2，2，3，4，4	0.2108~0.6256	0.1886~0.5461
Chr.03（A03）	9	2，2，2，2，2，2，3，3，5	0.2210~0.7015	0.1966~0.6614
Chr.04（A04）	1	2	0.3170	0.2668
Chr.05（A05）	9	2，2，2，2，2，2，3，3，3	0.0584~0.4941	0.0567~0.3888
Chr.06（A06）	3	2，2，4	0.3849~0.4981	0.3287~0.3741
Chr.07（A07）	2	2，3	0.2199~0.5439	0.1957~0.4402
Chr.08（A08）	4	2，3，3，3	0.1132~0.4697	0.1068~0.3869
Chr.09（A09）	9	2，2，2，2，2，2，2，3，4	0.0817~0.5379	0.0784~0.4324
Chr.10（A10）	2	3，3	0.4441~0.5386	0.3685~0.4553
Chr.11（A11）	9	2，2，2，3，3，3，3，3，4	0.0902~0.6319	0.0870~0.5573
Chr.12（A12）	8	2，2，2，2，2，2，2，3	0.1327~0.3911	0.1239~0.3342
Chr.13（A13）	6	2，3，3，3，3，4	0.3052~0.6424	0.2586~0.5709
Chr.14（D02）	7	2，2，2，2，2，3，4	0.1820~0.5519	0.1655~0.4578
Chr.15（D01）	8	2，2，2，2，3，3，4，5	0.1334~0.6329	0.1245~0.5632
Chr.16（D07）	9	2，2，2，2，2，2，3，3，3	0.2752~0.5336	0.2373~0.4328
Chr.17（D03）	5	2，2，2，3，3	0.1204~0.6328	0.1131~0.5551
Chr.18（D13）	4	2，2，2，4	0.4312~0.5840	0.3525~0.4955
Chr.19（D05）	10	2，2，2，2，2，2，3，3，5，5	0.0387~0.7219	0.0379~0.6741
Chr.20（D10）	2	2，3	0.2083~0.5000	0.1959~0.3750
Chr.21（D11）	5	2，2，2，3，5	0.2253~0.6066	0.1999~0.5468
Chr.22（D04）	4	2，2，2，2	0.0992~0.4993	0.0943~0.3746
Chr.23（D09）	9	2，2，2，2，3，3，3，3，4	0.2127~0.5661	0.1901~0.4787
Chr.24（D08）	5	2，2，2，3，3	0.0454~0.5801	0.0444~0.5150
Chr.25（D06）	8	2，2，2，3，3，3，3，4	0.0718~0.5531	0.0692~0.4632
Chr.26（D12）	3	2，2，4	0.0992~0.1405	0.0943~0.5808
平均	5.92	2.62	0.3985	0.3343

2. 基于标记资料的聚类分析

利用 154 个多态性分子标记的基因型数据，对供试材料进行了聚类分析，172 个陆地棉品种在遗传距离为 0.6667 被划分为 9 个类群（A~Ⅰ，图 5-2，表 5-5）。

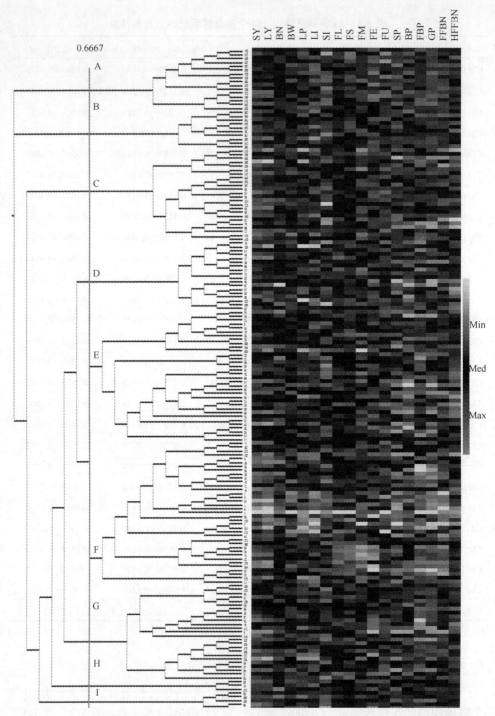

图 5-2　172 个陆地棉品种基于标记聚类（左，所有材料被划分为 9 个类群 A～I）和表型性状
（上）的热图

表 5-5　基于分子标记聚类各类群表型性状的平均值

性状	类群								
	A	B	C	D	E	F	G	H	I
子棉产量/g	54.34	65.06	64.01	60.42	55.49	48.84	60.77	65.36	63.72
皮棉产量/g	21.25	24.55	25.23	22.70	21.12	18.16	23.41	27.39	25.50
铃数	12.50	13.77	12.85	12.14	11.17	11.17	12.54	11.35	14.85
铃重/g	5.75	5.70	5.83	5.72	5.63	5.47	5.76	6.13	5.55
衣分/%	39.28	38.12	38.78	37.58	38.29	37.40	38.78	40.03	40.38
衣指/g	6.86	6.69	6.90	6.48	6.70	6.30	6.88	7.21	6.99
子指/g	10.91	11.06	11.09	11.24	11.24	11.19	11.29	11.24	10.58
纤维长度/mm	28.06	28.77	29.00	28.88	28.66	28.69	28.54	28.64	28.67
纤维强度/(cN/Tex)	27.61	28.44	28.78	28.95	29.84	29.71	28.42	29.45	28.55
纤维细度	4.60	4.58	4.61	4.60	4.48	4.35	4.61	4.84	4.65
纤维伸长率/mm	6.60	6.60	6.59	6.62	6.59	6.59	6.58	6.54	6.61
纤维整齐度	83.83	84.52	84.77	84.67	84.74	84.47	84.46	84.92	84.73
苗期/d	36.16	35.63	34.44	33.31	32.81	32.67	33.83	35.25	36.05
蕾期/d	27.80	26.88	26.56	26.46	25.76	26.23	26.88	26.29	26.80
花铃期/d	58.16	57.94	56.98	54.94	55.13	54.42	55.42	56.96	57.28
生育期/d	122.36	120.44	118.03	114.40	113.66	113.29	116.05	118.54	120.18
果枝始节	6.26	6.27	5.85	5.63	5.44	5.41	5.81	5.91	6.10
果枝始节高度/cm	17.96	17.19	16.69	17.32	16.85	17.52	17.66	17.97	18.78

　　A 类群含有 16 个材料，其中 1 个来自黄河流域棉区，12 个来自长江流域棉区，1 个来自西北内陆棉区，1 个来自北部特早熟棉区，1 个来自美国；该类群材料性状表现均一般。B 类群含有 10 个材料，其中 6 个来自黄河流域棉区，3 个来自长江流域棉区，1 个来自美国；该类群材料性状表现也均一般。C 类群含有 24 个材料，其中 18 个来自黄河流域棉区，3 个来自长江流域棉区，2 个来自西北内陆棉区，1 个来自北部特早熟棉区；该类群表现出纤维长度最大、果枝始节高度最小。D 类群含有 18 个材料，其中 8 个来自黄河流域棉区，5 个来自西北内陆棉区，4 个来自北部特早熟棉区，1 个来自长江流域棉区；该类群表现为纤维伸长率最大。E 类群包含 34 个材料，其中 15 个来自黄河流域棉区，16 个来自西北内陆棉区，1 个来自北部特早熟棉区，2 个来自国外；该类群表现为纤维强度最大、蕾期最小。F 类群含有 37 个材料，其中 2 个来自黄河流域棉区，1 个来自长江流域棉区，24 个来自西北内陆棉区，4 个来自北部特早熟棉区，6 个来自国外；该类群表现为苗期、花铃期、生育期和果枝始节最小。G 类群含有 25 个材料，其中 8 个来自黄河流域棉区，5 个来自长江流域棉区，6 个来自西北内陆棉区，6 个来自北部特早熟棉区；该类群材料性状表现也均一般。H 类群含有 3 个材料，其中 1

个来自黄河流域棉区，1 个来自长江流域棉区，1 个来自西北内陆棉区；该类群材料表现出子棉产量、皮棉产量、铃重和衣指最大。I 类群含有 5 个材料，均来自黄河流域棉区；该类群表现为铃数和衣分最大，子指最小。

为进一步阐明不同品种间的表型差异，基于分子标记聚类和所有性状的表型值绘制了热图（图 5-2）。热图利用不同深浅颜色清晰地反映了 172 份材料间的表型差异：最深红显示性状的最高值，最深绿显示性状的最低值。该热图为陆地棉品种的进一步利用提供了理论依据。

3. 表型聚类和分子标记聚类的相似与差异

利用 Mantel 测验对表型性状遗传距离矩阵和分子标记遗传距离矩阵之间的关系进行了相关性分析。结果表明，两者存在极显著正相关，相关系数为 0.2604（$P<0.01$），说明利用表型性状和分子标记估计中国陆地棉品种的遗传多样性具有较高的一致性。然而，两种聚类结果并不完全一致。一些品种的两种聚类结果是一致的。例如，黑山棉（2）、新陆早 1 号（3）、中棉 14 号（57）、晋棉 6 号（132）、新陆早 5 号（7）、新陆早 2 号（4）、新陆早 4 号（6）、新陆早 8 号（10）、新陆早 7 号（9）和晋棉 9（134）既在表型聚类的Ⅲ-1 类群又在标记聚类的 F 类群；新陆早 6 号（8）、新陆早 9 号（11）、新陆早 19 号（21）、新陆早 37 号（39）、新陆早 38 号（40）、中 27（69）、岱字棉 16（158）、中棉 13 号（56）、新陆早 21 号（23）、中 1707（59）、中 36（75）、新陆早 15 号（17）、新陆早 17 号（19）、中 42（78）、中 30（70）、中 37（76）、新陆早 26 号（28）、新陆早 27 号（29）、新陆早 32 号（34）、新陆早 29 号（31）、新陆早 33 号（35）、绿早 254（166）和辽棉 7 号（85）既在表型聚类的Ⅲ-2 类群又在标记聚类的 E 类群。然而，一些品种的两种聚类结果存在较大差异，如新陆早 13 号（16）和新陆早 15 号（17）在表型聚类中被分在Ⅲ-2 类群，但在分子聚类中却分别被分在 D 类群和 E 类群；百棉 2 号（93）和锦棉 1 号（141）在表型聚类中被分在Ⅳ-2 类群，但在分子聚类中却分别被分在 E 类群和 A 类群。

三、结论与讨论

（一）陆地棉品种的遗传多样性相对较低

了解遗传多样性将为种质资源的保存和利用提供理论依据。本研究中，利用覆盖陆地棉 26 条连锁群上的 154 个 SSR 标记对中国 172 个陆地棉品种进行基因型分析。结果显示，标记的平均等位基因数、基因多样性指数（Di）和多态信息含量（PIC）分别为 2.62、0.3985 和 0.3343，这些值均低于 Lacape 等（2007）（平均等位基因数和 PIC 分别为 5.6 和 0.55）和 Moiana 等（2012）（平均等位基因数和 PIC 分别为 6.9 和 0.646）的结果，接近于 Bertini 等（2006）（平均等位基因数

和 PIC 分别为 2.13 和 0.40)、Fang 等 (2013)(平均等位基因数和 PIC 分别为 2.64
和 0.2869) 和 Zhao 等 (2015)(平均等位基因数、基因多样性指数和 PIC 分别为
2.26、0.3502 和 0.2857) 的结果。这些研究遗传多样性的差异可能归因于各自采
用的不同地理来源的不同类型的种质资源材料,棉属野生种的遗传多样性水平明
显高于栽培陆地棉。我们的研究结果进一步表明,在分子水平上陆地棉品种的遗
传多样性是相对较低的。

（二）表型和分子标记聚类间的重叠和差异

利用 18 个表型性状和 154 个多态性 SSR 标记对 172 个陆地棉品种进行了遗
传多样性评价。Mantel 检验结果显示表型和基因型遗传距离矩阵间存在极显著正
相关关系,说明利用表型性状和分子标记评价中国陆地棉品种的遗传多样性具有
较高的一致性。但是,基于表型的聚类结果与基于标记的聚类结果并不完全一致,
既有重叠,又有差异。前人研究也有相似的报道（Tatineni et al.,1996；Wu et al.,
2001；Campbell et al.,2009b)。造成这些差异的原因归根结底是表型性状和分子
标记本身属于两种不同的标记类型,两者在标记的多态性鉴定和分析,以及聚类
分析程序方面均存在差别。结果进一步证实表型性状和分子标记应当结合起来,
才能更加全面准确地阐明种质间的亲缘关系。

（三）表型和分子标记聚类结果与品种的系谱信息基本吻合

由于部分品种的系谱来源未知或无法查询,因此本文中未显示 172 个陆地棉
品种的系谱信息。尽管如此,参阅多数材料公布的系谱信息,本研究表型聚类或
分子标记聚类和系谱信息之间有较好的一致性,如新陆早 5 号 (7) 和新陆早 7
号 (9) 均属于品系 347-2 的衍生系,亲缘关系较近,二者在表型和分子标记聚类
中都分别被划分到同一个类群中。新陆早 42 号 (44) 是新陆早 10 号 (12) 的衍
生系,亲缘关系较近,二者在表型和分子标记聚类中也都分别被划分到同一个类
群中。但也有例外,如晋棉 6 号 (132) 和晋棉 24 号 (137) 都是太原 194 的衍生
系,系谱关系较近,但在分子标记聚类中二者分别属于 B 类群和 C 类群,在表型
聚类中分别属于亚类群 III-1 和 III-2。新陆早 7 号 (9) 和新陆早 8 号 (10) 来自
西北内陆棉区,在表型和分子标记聚类分析中均被聚为一类,亲缘关系较近,但
系谱信息表明两者没有直接的亲缘关系。造成这种现象的原因可能是育种家长期
对某些或某个性状的定向选择,从而导致其他某些或某个性状基因位点的丢失
（Campbell et al.,2009b)。

（四）品种聚类与其生态来源关系不大

前人许多研究表明,种质的聚类结果常常与其生态或地理来源关系不大（李

向华和常汝镇，1998；Chen ct al.，2006；Yan et al.，2010；Zhou et al.，2011）。本研究也得到相同的结论，一些生态来源相同的品种被划分到不同类群，即存在交叉聚类的现象，如新陆早3号（5）、新陆早5号（7）和新陆早6号（8）均来自西北内陆棉区，分子标记聚类时却分别被划分到G、F和E类群中。多数品种生态来源不同，聚类分析时被归入一类，如来自黄河流域棉区的5份材料、来自西北内陆棉区的9份材料和来自北部特早熟棉区的5份材料在表型聚类分析时被归入Ⅲ-1类群；来自西北内陆棉区的16份材料、来自黄河流域棉区的15份材料、来自北部特早熟棉区的1份材料和来自国外的2份材料在分子标记聚类分析时被归入E类群。产生上述结果的原因可能有以下几个方面：①生态或地理来源相同的材料虽然来自于同一环境，但是由于选择方向的不同，可能形成遗传差异较大的类型；②受环境饰变作用的影响，不同材料在长期适应环境的过程中会出现某些性状趋同的现象；③与地区间的引种交流可能导致某些基因在不同种质间的渗入。

（五）棉花种质资源的高效利用

为了提高种质资源的利用效率，全面准确地评价种质资源遗传多样性是十分重要的。本研究中，基于表型性状的聚类分析结果显示，第Ⅰ类群材料表现出纤维伸长率最大，子指、花铃期、生育期、果枝始节和果枝始节高度最小的优点；第Ⅲ-1亚类材料表现出蕾期最小的优点；第Ⅲ-3亚类材料表现为铃重和纤维细度最大，苗期最小；第Ⅲ-4亚类性状表现为纤维长度、纤维强度、纤维整齐度最大；第Ⅳ-1亚类材料性状表现为子棉产量、皮棉产量、单株铃数、衣分和衣指最高。基于分子标记的聚类分析结果显示，C类群表现为纤维长度最大、果枝始节高度最小；D类群表现为纤维伸长率最大；E类群表现为纤维强度最大、蕾期最小；F类群表现为苗期、花铃期、生育期和果枝始节最小；H类群表现为子棉产量、皮棉产量、铃重和衣指最大。基于标记聚类的热图进一步显示出不同品种间的表型差异。综合两种聚类结果，在育种利用上应选择不同类群间优异性状互补的材料进行杂交，同时，品种的系谱信息和生态来源也应该被考虑。

第二节　陆地棉株型性状的关联作图及优异等位基因发掘

光合作用和生物量的合成是作物产量形成的基础。高产作物育种通过塑造理想株型，进而最大限度地提高光合效率和物质合成。株型是地上部分组织的三维结构，包括分枝类型、株高、叶和果枝的分布。株型是重要的农艺性状，决定植物收获指数、产量潜力及对栽培环境的适应能力（Reinhardt and Kuhlemeier，2002；

Yang and Hwa，2008)。几个世纪以来，育种家一直致力于株型改良。第一次绿色革命就是通过改善株型使水稻和小麦实现矮化和茎秆粗壮，进而获得高产(Peng et al.，1999)。棉花的株型包括株高、主茎节长、主茎节间长度、总果枝数、有效果枝数、果枝长度、果枝节数、果枝节间长度、总果节数和果枝夹角等多个性状。不同环境条件和栽培措施要求的棉花理想株型存在差异。株型育种是提高棉花产量、改良棉花品质的有效途径（Wang et al.，2006；Song and Zhang，2009）。泗棉 3 号和百棉 1 号是 2 个有代表性的通过塑造棉花理想株型实现高产的成功例子（Zhang et al.，2006；Li et al.，2010）。

　　株型是由多基因控制的数量性状，通过传统育种选择技术很难塑造理想株型（Reinhardt and Kuhlemeier，2002）。利用与目标 QTL 紧密连锁的分子标记进行辅助选择，将大大提高选择效率（Xu and Crouch，2008）。基于分子标记技术，棉花株型性状的 QTL 研究已有较多报道。Zhang 等（2006）利用陆地棉重组自交系群体检测到 3 个株高 QTL、2 个果枝长度 QTL 和 3 个株高/果枝长度 QTL；Wang等（2006）利用另一个陆地棉重组自交系群体检测到 3 个果枝长度 QTL 和 3 个株高/果枝长度 QTL；Song 和 Zhang（2009）利用种间杂交群体（陆地棉×海岛棉）检测到 7 个株型性状包括果枝始节、主茎叶大小、株高、总果枝数、主茎节间长度、果枝夹角和果枝节间长度的 26 个 QTL。Li 等（2014）利用两个陆地棉 $F_{2:3}$ 群体检测到 73 个株型性状 QTL，分别是 5 个株高性状 QTL、10 个主茎节长 QTL、6 个主茎节间长度 QTL、9 个总果枝数 QTL、3 个有效果枝数 QTL、8 个果枝长度 QTL、8 个果枝节数 QTL、8 个果枝节间长度 QTL、10 个总果枝节数 QTL 和 6 个果枝夹角 QTL。上述已报道的 QTL 中，只有少数运用到实际育种工作中。这可能是因为这些 QTL 具有群体特异性，遗传变异仅介于两亲本之间，可能在别的群体中检测不到。而且，多数群体的遗传重组是有限的，进行高分辨率的连锁作图比较困难，限制了它们在育种中的应用。

　　基于连锁不平衡的关联作图，克服了基于两亲本家系群体的作图限制，目前在植物遗传中已得到普遍应用（Jannink et al.，2001；Buntjer et al.，2005）。大田作物如水稻（Agrama et al.，2007）、玉米（Yang et al.，2010）、大麦（Massman et al.，2011）、小麦（Joukhadar et al.，2013）和大豆（Niu et al.，2013）已开展关联作图的研究。2008 年，棉花中首次尝试使用关联作图：利用 98 对 SSR 引物在由 56 份海岛棉种质材料构成的自然群体中，检测到 30 个纤维性状相关的分子标记（Kantartzi and Stewart，2008）。Abdurakhmonov 等（2008）利用 95 对核心引物在 285 份外来陆地棉种质材料中进行了纤维品质相关性状的关联分析，6%～13%的 SSR 标记与纤维品质性状相关。随后，Abdurakhmonov 等（2009）、Zhang 等（2013）和 Cai 等（2014）成功地利用关联作图得到一系列纤维品质性状相关的分子标记。Mei 等（2013）在中国的陆地棉品种中实现了皮棉产量及其构成因素的关联作图，共检测到 55 个标记-表型性状的关联，其中 41 个是在 1 个以上的环境中检测到的，且许多与先前利用连锁作图报道的 QTL 结果一致。Zhao 等（2014）在由陆地棉核心种质构成的自然群体中检测到 42 个与棉花黄萎病抗性相关的标记位点，10 个标记位点与先前的报道一致。然而，至今还未见棉花株型关联作图的相关报道。

本研究报道了利用 101 个多态性 SSR 标记在 172 份陆地棉种质资源群体中的棉花株型性状关联作图。本研究目的：①估计群体结构；②估计 LD 和 LD 衰减；③标记-表型性状的关联作图并发掘株型性状优异等位基因。

一、材料与方法

（一）试验材料

将从我国近年育成或引进的来自黄河流域、长江流域、西北内陆和北部特早熟四大棉区的 172 个陆地棉骨干品种（系）作为供试材料。其中，64 个来自黄河流域棉区，25 个来自长江流域棉区，55 个来自西北内陆棉区，18 个来自北部特早熟棉区，10 个从国外引进（表 5-1）。

（二）表型鉴定与分析

2012 年、2013 年将 172 份材料分别在河南新乡（黄河流域棉区）、新疆石河子（西北内陆棉区）两地种植，田间试验采用随机区组设计，单行区，2 次重复。新乡点每行 14～16 株，行长 5.0m，行距 1.0m；石河子点每行 48～50 株，行长 5.0m，行距 0.45m。当地大田常规管理。对两年两点 172 份材料，每行按单株分别考查果枝始节高度、株高、总果枝数、有效果枝数和果枝夹角共 5 个株型性状。其中，果枝夹角是在得到总果枝数的基础上，调查植株中间两个果枝，取其平均值。每行所有单株的平均值作为该行性状的最终表型值。利用 SAS 9.4 软件进行表型数据的统计分析。

（三）SSR 基因型分析

采用改进的 CTAB 法提取 172 份材料的基因组 DNA（Paterson et al.，1993）。依据 Guo 等（2007）利用陆地棉×海岛棉构建的遗传图谱信息，在棉花 26 条连锁群上每 10cM 选取 1 个 SSR 分子标记；另外，参考近年来已报道的与陆地棉重要农艺和经济性状连锁的分子标记（Zhang et al.，2003；Mei et al.，2004；Nguyen et al.，2004；Shen et al.，2007；Qin et al.，2008；Song and Zhang，2009）。两者共选取 SSR 分子标记 386 个。引物序列从棉花 CMD（http://www.cottonmarker.org）

下载。PCR 扩增产物经非变性聚丙烯酰胺凝胶电泳进行分离。电泳结束后，采用 Zhang 等（2002）的方法进行银染，清水冲洗，在凝胶成像系统上照相并记录基因型数据。386 个 SSR 标记的扩增结果显示，仅 101 个标记扩增出多态性产物。因为陆地棉是四倍体棉种，SSR 标记的扩增产物复杂，条带较多。因此，参考 Mei 等（2013）的研究，记录个体标记基因型时以第一个样品材料 KK1543 为参照，与 KK1543 带型相同的标记基因型记为 1，其他与 KK1543 不同的标记基因型依次记为 2、3、4、5 等，从而构成各材料所有标记的等位基因矩阵。

（四）基因型资料分析

利用 PowerMarker V3.25（Liu and Muse 2005）的 Summary 统计功能对供试材料的 SSR 等位基因矩阵进行分析，统计所有多态性位点的等位基因数、基因多样性指数（diversity index，Di）和多态信息含量（polymorphism information content，PIC）。利用 STRUCTURE 2.3 软件（http://pritchardlab.stanford.edu/software.html，Pritchard et al.，2000）对 172 份陆地棉材料进行基于贝叶斯模型的群体结构分析，采用 admixture ancestry 及 correlated allele frequencies model，先设定群体数目（k）为 1~10，将 MCMC（Markov Chain Monte Carlo）开始时的不作数迭代（length of burn-in period）设为 10 000 次，再将不作数迭代后的 MCMC 设为 10 000 次，重复 5 次，计算各 k 值下 5 次运算的似然对数 lnP（D）平均值，然后依据似然值最大原则确定合适的 k 值。为了客观评价群体结构，利用 Evanno 等（2005）的方法，计算 k 值对应的 lnP（D）变化量 Δk，以确定合适的 k 值，并计算各材料相应的 Q 值（第 i 材料的基因组变异源于第 k 个群体的概率），构建 Q 矩阵，用于后续分析。利用 TASSEL 2.1 软件（Yu et al.，2006）计算的 r^2（squared allele-frequency correlations）估算各连锁群的 LD 程度。同一染色体上所有成对的相邻位点作为一个连锁不平衡区域（LD block）（Stich et al.，2005）。利用 SPSS 19.0 绘制共线性成对 SSR 位点间的 LD 衰减散点图，并利用回归方程拟合 LD 随遗传距离（cM）增加而衰减的速率。

（五）关联作图与优异等位基因

由于混合线性模型（MLM）比一般线性模型（GLM）能有效控制伪关联（Yu et al.，2006；Zhao et al.，2007），因此，利用 TASSEL 2.1 软件的混合线性模型（Q+K）程序（Bradbury et al.，2007），对 101 个位点的等位基因分别与 5 个株型性状进行关联作图。在此基础上，分析了与目标性状显著关联的分子标记的等位基因。采用群体均值进行等位基因表型效应的估算，具体方法为

$$a_i = \sum x_{ij}/n_i - \sum N_k/n_k$$

式中，a_i 为第 i 个等位基因的表型效应，x_{ij} 为携带第 i 个等位基因的第 j 个材料的性状表型值，n_i 为携带有第 i 个等位基因的材料数，N_k 为所有材料的表型值，n_k 为材料数。$a_i > 0$，等位基因为增效定位基因，否则为减效等位基因。以具体的育种目标确定优异等位基因。

二、结果与分析

（一）表型多样性分析

将两年两点 172 份陆地棉材料 5 个株型性状的统计分析结果列于表 5-6。由表看出，棉花株型性状表现出丰富的遗传多样性，四个环境中果枝始节高度、株高、总果枝数、有效果枝数和果枝夹角的平均表型值分别为 17.39cm（9.94～25.63cm）、81.97cm（54.20～105.85cm）、10.91（8.30～13.41）、8.69（4.81～12.13）和 63.01°（47.31°～76.36°），平均变异系数分别是 17.63%、12.33%、9.29%、15.52% 和 6.91%，表明本研究材料在株型性状上具有较大的多样性。方差分析结果表明，所有性状的基因型方差和基因型×环境互作方差均达到显著或极显著水平。表型相关（表 5-7）结果显示，果枝始节高度和总果枝数、有效果枝数、果枝夹角之间呈极显著负相关，而株高、总果枝数、有效果枝数、果枝夹角之间均呈极显著正相关。

表 5-6　172 份陆地棉材料株型性状的统计分析

性状	环境	最小值	最大值	均值	标准差	变异系数/%	基因型	基因型×环境
果枝始节高度/cm	E1	7.89	24.00	16.67	2.86	17.16	**	*
	E2	10.50	26.81	18.39	3.37	18.33		
	E3	13.90	28.89	20.94	3.12	14.92		
	E4	7.47	22.80	13.57	2.73	20.11		
	平均值	9.94	25.63	17.39	3.02	17.63		
株高/cm	E1	34.60	75.10	56.49	7.51	13.30	**	**
	E2	79.40	148.44	116.94	13.53	11.57		
	E3	43.70	78.63	58.58	7.24	12.36		
	E4	59.11	121.22	95.87	11.58	12.08		
	平均值	54.20	105.85	81.97	9.97	12.33		
总果枝数	E1	6.44	10.80	8.15	0.73	8.90	**	**
	E2	11.20	17.22	14.44	1.13	7.85		
	E3	4.00	7.80	6.07	0.75	12.34		
	E4	11.57	17.80	14.98	1.21	8.05		
	平均值	8.30	13.41	10.91	0.95	9.29		

续表

性状	环境	最小值	最大值	均值	标准差	变异系数/%	基因型	基因型×环境
有效果枝数	E1	2.67	8.30	5.03	0.98	19.59	**	**
	E2	4.33	14.10	9.68	1.87	19.33		
	E3	7.00	11.00	8.53	0.71	8.29		
	E4	5.25	15.13	11.52	1.71	14.87		
	平均值	4.81	12.13	8.69	1.32	15.52		
果枝夹角/(°)	E1	—	—	—	—	—	**	*
	E2	47.60	75.70	64.19	4.52	7.05		
	E3	41.00	77.50	59.93	4.73	7.89		
	E4	53.33	75.89	64.91	3.77	5.80		
	平均值	47.31	76.36	63.01	4.34	6.91		

注：E1、E2、E3 和 E4 分别表示 2012 年石河子、2012 年新乡、2013 年石河子和 2013 年新乡；*和**分别表示在 0.05 和 0.01 水平上显著

表 5-7　5 个株型性状的表型相关

性状	果枝始节高度	株高	总果枝数	有效果枝数	果枝夹角
果枝始节高度	1	—	—	—	—
株高	−0.006	1	—	—	—
总果枝数	−0.425**	0.856**	1	—	—
有效果枝数	−0.137**	0.617**	0.652**	1	—
果枝夹角	−0.248**	0.323**	0.430**	0.267**	1

**表示在 0.01 水平上相关显著

（二）群体结构分析

利用选取的均匀覆盖四倍体棉基因组的 386 个 SSR 标记扩增 172 份陆地棉品种基因组 DNA，仅 101 个标记扩增出多态性产物。利用 STRUCTURE 2.3 软件和 101 个多态性标记对 172 份陆地棉品种资源进行了群体结构分析。图 5-3A 显示了 STRUCTURE 2.3 软件计算的各 k 值下似然对数值 lnP（D）的 5 次平均结果，在 $k=1\sim10$，LnP（D）随着 k 值的增加一直呈上升趋势，并无拐点出现；故采用 Δk 变化来确定合适的 k 值。Δk 估算结果表明，$k=5$ 时，Δk 最大（图 5-3B），据此将 172 份陆地棉材料分为 5 个亚群（图 5-4）。亚群 1 包含 29 个材料，其中 18 个来自黄河流域棉区、1 个来自长江流域棉区、7 个来自西北内陆棉区、3 个来自北部特早熟棉区；亚群 2 包含 29 个材料，其中 4 个来自黄河流域棉区、17 个来自西北内陆棉区、5 个来自北部特早熟棉区、3 个来自国外；亚群 3 包含 75 个材料，其中 35 个来自黄河流域棉区、21 个来自长江流域棉区、9 个来自西北内陆棉区、

5 个来自北部特早熟棉区、5 个来自国外；亚群 4 包含 26 个材料，其中 2 个来自黄河流域棉区、1 个来自长江流域棉区、19 个来自西北内陆棉区、2 个来自北部特早熟棉区、2 个来自国外；亚群 5 包含 13 个材料，其中 6 个来自黄河流域棉区、2 个来自长江流域棉区、3 个来自西北内陆棉区、2 个来自北部特早熟棉区。将 k=5 时生成的 Q 矩阵，用于随后的标记-性状的关联作图。

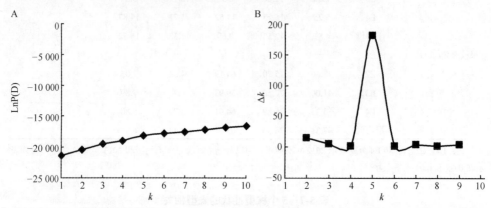

图 5-3　172 份陆地棉材料基于 STRUCTURE 分析估算的 LnP(D)和Δk 值（A. k=1～10 对应的 LnP(D)值；B. k=2～9 对应的Δk 值）

图 5-4　估计的 172 份陆地棉材料的群体结构

（三）连锁不平衡及其衰减

基因组连锁不平衡是关联作图的基础，分析散布于全基因组 SSR 位点间的 LD blocks 有助于了解棉花基因组的连锁不平衡状态。图 5-5 显示了 101 个 SSR 标记位点在棉花 26 个连锁群上连锁不平衡的分布状况。在 101 对 SSR 标记的 5050 个位点组合中，不论共线性组合（同一连锁群），还是非共线性组合（不同连锁群）之间，都有连锁不平衡位点广泛存在（图中斜线上方有色差的小格），占总位点组合数的 0.35。但是得到概率统计显著支持（P<0.01）的不平衡成对位点的比例不大，仅占总组合数的 0.10（结果未显示）。使用相同染色体上 SSR 位点的 r^2 估计 LD 衰减。结果表明，陆地棉基因组中共线 SSR 位点间存在显著连锁不平衡（r^2=0.1）的衰减遗传距离为 13～14cM，若衰减阈值设置为 r^2=0.2，则衰减遗传距离为 6～7cM，表明陆地棉中利用基于 LD 的关联作图方法能够有效进行 QTL 作图。

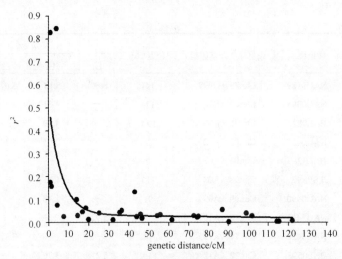

图 5-5　共线 SSR 位点 r^2 值在陆地棉基因组中随遗传距离（cM）衰减散点图

（四）株型性状的关联作图

为最大程度地避免群体结构与亲缘关系对关联作图结果的影响，本研究利用 MLM 进行标记-性状的关联作图，为减小假阳性，仅列出了极显著（$P<0.01$）位点和能至少同时在两个环境中检测到的显著（$P<0.05$）位点，发现与 5 个株型性状关联的位点共 66 个。其中 4 个位点能在 4 个环境中同时检测到，4 个位点能在 3 个环境中同时检测到，27 个位点能在 2 个环境中同时检测到，31 个位点仅在 1 个环境中检测到（表 5-8）。

表 5-8　与株型性状关联的标记位点及其在多环境中的表型变异解释率

性状	标记位点	染色体（亚基因组）	位置/cM	R^2/%			
				E1	E2	E3	E4
果枝始节高	NAU3254	Chr.01（A01）	99.1	5.86*	4.13*	—	—
度/cm	JESPR101	Chr.02（A02）	60.8	—	—	2.31*	2.28*
	NAU0437	Chr.02（A02）	53.9	4.71*	—	7.56**	—
	NAU5780	Chr.02（A02）	0	—	—	5.67**	2.25*
	NAU6584	Chr.03（A03）	75	—	4.54**	—	—
	NAU3427	Chr.06（A06）	156	—	—	3.92**	—
	NAU0474	Chr.07（A07）	30.1	—	—	—	5.16**
	NAU0490	Chr.09（A09）	91	4.36**	5.31**	2.34*	—
	NAU6177	Chr.09（A09）	20.2	—	3.69*	—	4.74*
	JESPR152	Chr.15（D01）	107	—	—	2.56*	3.43**
	NAU0354	Chr.17（D03）	45.9	—	5.67**	—	3.74*
	NAU3414	Chr.23（D09）	142	7.32**	4.64*	6.23**	4.67*

续表

性状	标记位点	染色体（亚基因组）	位置/cM	R^2/%			
				E1	E2	E3	E4
果枝始节高	NAU5189	Chr.23（D09）	141	8.60**	5.18**	5.67**	3.86*
度/cm	NAU0398	Chr.24（D08）	120	—	4.31*	—	3.68*
	BNL0827	Chr.25（D06）	19.1	3.58*	4.79*	—	—
株高/cm	NAU0437	Chr.02（A02）	53.9	—	2.05*	5.34**	—
	BNL3259	Chr.03（A03）	0	—	—	—	5.89**
	JESPR232	Chr.08（A08）	117	—	4.26**	—	—
	NAU0490	Chr.09（A09）	91	—	2.48*	—	3.57**
	NAU3467	Chr.10（A10）	0	5.92**	—	—	—
	NAU5428	Chr.11（A11）	14	—	—	7.31**	4.33*
	BNL0598	Chr.12（A12）	81.9	5.27**	3.70*	—	3.93*
	NAU4047	Chr.12（A12）	58.9	—	4.01**	—	—
	JESPR152	Chr.15（D01）	107	—	4.26**	—	0.02.38*
	NAU1487	Chr.15（D01）	119	—	2.16*	—	2.05*
	NAU3414	Chr.23（D09）	142	6.87**	3.29*	3.68*	3.61*
	NAU5189	Chr.23（D09）	141	8.33**	4.36*	4.85**	4.93**
	NAU2687	Chr.25（D06）	90.3	—	3.32*	4.88**	—
总果枝数	NAU4045	Chr.01（A01）	24.8	—	—	4.07*	5.18*
	BNL3089	Chr.04（A04）	0	—	—	4.83**	—
	NAU0490	Chr.09（A09）	91	8.13**	—	—	—
	NAU2723	Chr.09（A09）	134	5.80**	2.33*	2.30*	—
	NAU2354	Chr.09（A9）	133	—	—	—	5.78**
	BNL1231	Chr.11（A11）	0	0.10**	—	—	—
	NAU5428	Chr.11（A11）	14	—	4.89*	9.21**	—
	NAU2672	Chr.12（A12）	80.1	—	5.61**	3.67*	—
	NAU1070	Chr.14（D02）	11.4	4.44**	—	—	—
	NAU1025	Chr.23（D09）	22.2	—	5.66*	—	—
有效果枝数	BNL3259	Chr.03（A03）	0	—	4.04**	—	—
	NAU6584	Chr.03（A03）	75	—	4.99**	—	—
	JESPR232	Chr.08（A08）	117	—	5.39**	—	—
	NAU0490	Chr.09（A09）	91	—	2.34*	4.16**	—
	NAU2354	Chr.09（A09）	133	—	—	—	9.76**
	NAU2723	Chr.09（A09）	134	—	—	2.82*	3.07*
	NAU3467	Chr.10（A10）	0	—	3.04*	—	3.43*
	GH369	Chr.11（A11）	84.7	—	3.75**	—	—
	NAU3008	Chr.11（A11）	165	—	4.08**	—	—
	NAU0943	Chr.12（A12）	48.1	—	—	5.54**	—

性状	标记位点	染色体（亚基因组）	位置/cM	R^2/%			
				E1	E2	E3	E4
有效果枝数	NAU2672	Chr.12（A12）	80.1	—	6.06**	—	—
	NAU1070	Chr.14（D02）	11.4	—	—	2.77*	2.01*
	BNL1604	Chr.16（D07）	92.4	—	4.84**	—	—
	NAU0354	Chr.17（D03）	45.9	—	5.34**	—	—
	NAU0453	Chr.20（D10）	0	3.79*	—	—	4.54*
	TMH05	Chr.21（D11）	3.3	—	4.44**	—	4.88**
	BNL1061	Chr.25（D06）	50.7	—	5.99**	—	—
果枝夹角/（°）	NAU5091	Chr.021（D11）	70.9	—	4.34*	—	—
	NAU6584	Chr.03（A03）	75	—	4.19*	7.06**	5.17*
	NAU0490	Chr.09（A09）	91	—	2.85**	—	—
	NAU3467	Chr.10（A10）	0	—	—	6.75**	—
	JESPR153	Chr.13（A13）	63.5	—	5.18**	—	—
	NAU1070	Chr.14（D02）	11.4	—	3.60*	6.04*	—
	NAU2173	Chr.14（D02）	47.8	—	4.02**	—	—
	NAU3011	Chr.18（D08）	98.5	—	—	5.45**	—
	NAU0453	Chr.20（D10）	0	—	—	6.39**	—
	NAU1025	Chr.23（D09）	22.2	—	2.20*	—	4.20**
	NAU3414	Chr.23（D09）	142	—	4.12**	—	4.30**

注：E1、E2、E3 和 E4 分别表示 2012 年石河子、2012 年新乡、2013 年石河子和 2013 年新乡；R^2 表示标记的表型变异解释率；*和**分别表示在 0.05 和 0.01 水平上显著

　　与果枝始节高度关联的标记位点共 15 个，分布在 11 条染色体上，不同环境中表型变异解释率为 2.25%～8.60%，平均为 4.59%。其中 2 个位点能在 4 个环境中同时检测到，1 个位点能在 3 个环境中同时检测到，9 个位点能在 2 个环境中同时检测到，3 个位点仅在 1 个环境中检测到。

　　与株高关联的标记位点共 13 个，分布在 10 条染色体上，不同环境中表型变异解释率为 2.05%～8.33%，平均为 4.42%。其中 2 个位点能在 4 个环境中同时检测到，1 个位点能在 3 个环境中同时检测到，6 个位点能在 2 个环境中同时检测到，4 个位点仅在 1 个环境中检测到。

　　与总果枝数关联的标记位点共 10 个，分布在 8 条染色体上，不同环境中表型变异解释率为 0.10%～9.21%，平均为 4.80%。1 个位点能在 3 个环境中同时检测到，3 个位点能在 2 个环境中同时检测到，6 个位点仅在 1 个环境中检测到。

　　与有效果枝数关联的标记位点共 17 个，分布在 12 条染色体上，不同环境中表型变异解释率为 2.01%～9.76%，平均为 4.39%。6 个位点能在 2 个环境中同时检测到，11 个位点仅在 1 个环境中检测到。

　　与果枝夹角关联的标记位点共 11 个，分布在 9 条染色体上，不同环境中表型

变异解释率为 2.20%~7.06%，平均为 4.74%。其中 1 个位点能在 3 个境下同时检测到，3 个位点能在 2 个环境中同时检测到，7 个位点仅在 1 个环境中检测到。

（五）株型性状的优异等位基因

发掘了与上述 5 个株型性状关联的 35 个标记位点的 48 个优异等位基因（表 5-9）。其中，果枝始节高度的优异等位基因 12 个、株高的优异等位基因 18 个、总果枝数优异等位基因 4 个、有效果枝数的优异等位基因 6 个、果枝夹角的优异等位基因 8 个。值得注意的是，由于理想株型在不同生态环境中表现有所不同。因此，株高和果枝夹角的增效等位基因和减效等位基因均可以作为优异等位基因。在所有的优异等位基因中，NAU5189-3 对果枝始节高度的负向表型效应最大，能降低果枝始节高度 3.55cm，代表性材料（按效应排名前 3）为中棉所 58、锦棉 4 号和中棉所27；NAU2672-3 和 NAU0453-2 分别对总果枝数和有效果枝数的正向表型效应最大，能分别增加 0.76 和 0.40，代表性材料分别为新陆早 29 号、新陆早 48 号和新陆早 33 号，以及中棉所 12、冀 958 和中植棉 2 号。对株高和果枝夹角来说，BNL0598-3 和 NAU6584-3 能分别增加 14.17 和 3.28，代表性材料分别为苏棉 6 号，以及晋棉29 号、晋棉 24 号和岱红岱。NAU2687-3 和 NAU1025-1 能分别减少 14.5 和 0.90，代表性材料分别为辽棉 5 号，以及系 9、新陆早 3 号和新陆早 49 号。

表 5-9　株型性状分子标记的优异等位基因及其代表性材料

性状	优异等位基因	表型效应（a_i）	材料数	代表性材料
果枝始节高度/cm	NAU3254-4（减效）	−1.71	2	邯郸 885，鄂棉 3 号
	JESPR101-1（减效）	−0.16	151	中棉所 58，中棉所 64，锦棉 4 号
	NAU0437-2（减效）	−1.90	12	辽棉 7，辽棉 04，中棉所 42
	NAU5780-2（减效）	−0.12	147	中棉所 58，中棉所 64，锦棉 4 号
	NAU0490-1（减效）	−1.33	53	中棉所 58，中棉所 64，辽棉 5 号
	NAU6177-4（减效）	−2.19	4	中棉所 58，绿早 254，辽棉 10 号
	JESPR152-2（减效）	−0.59	35	中棉所 58，锦棉 4 号，晋棉 6 号
	NAU0354-2（减效）	−0.35	61	中棉所 58，辽棉 5 号，晋棉 6 号
	NAU3414-3（减效）	−3.30	6	中棉所 58，锦棉 4 号，中棉所 27
	NAU5189-3（减效）	−3.55	5	中棉所 58，锦棉 4 号，中棉所 27
	NAU0398-3（减效）	−0.48	39	锦棉 4 号，辽棉 7 号，中棉所 30
	BNL0827-3（减效）	−0.59	13	中棉所 30，中 1707，苏棉 10 号
株高/cm	NAU0437-1（增效）	1.20	93	新陆早 51 号，新陆早 48 号，新陆早 11 号
	NAU0437-4（减效）	−4.68	3	锦棉 4 号，冀棉 1 号，鲁棉研 29 号
	NAU0490-2（增效）	1.49	117	新陆早 51，新陆早 48 号，新陆早 40 号
	NAU0490-1（减效）	−3.17	53	中棉所 64，黑山棉，中棉所 30
	NAU5428-1（增效）	1.50	76	系 9，新陆早 51 号，新陆早 48 号

续表

性状	优异等位基因	表型效应（a_i）	材料数	代表性材料
株高/cm	NAU5428-2（减效）	-2.79	54	中棉所 30，锦棉 4 号，辽棉 7 号
	BNL0598-3（增效）	14.17	1	苏棉 6 号
	BNL0598-1（减效）	-0.94	126	黑山棉，中棉所 30，冀棉 4 号
	JESPR152-1（增效）	0.23	136	新陆早 48 号，新陆早 40 号，新陆早 11 号
	JESPR152-2（减效）	-1.06	35	中棉所 58，锦棉 4 号，岱红岱
	NAU1487-2（增效）	6.87	14	新陆早 48 号，新陆早 40 号，新陆早 11 号
	NAU1487-1（减效）	-0.61	150	中棉所 64，黑山棉，中棉所 30
	NAU3414-1（增效）	1.29	94	新陆早 51 号，新陆早 48 号，新陆早 40 号
	NAU3414-3（减效）	-9.62	6	中棉所 58，锦棉 4 号，岱红岱
	NAU5189-1（增效）	1.27	88	新陆早 51 号，新陆早 48 号，新陆早 40 号
	NAU5189-3（减效）	-12.15	5	中棉所 58，锦棉 4 号，岱红岱
	NAU2687-1（增效）	3.97	27	系 9，新陆早 48 号，新陆早 11 号
	NAU2687-3（减效）	-14.5	1	辽棉 5 号
总果枝数	NAU4045-1（增效）	0.12	41	晋棉 9 号，晋棉 14 号，KK1543
	NAU2723-2（增效）	0.09	74	新陆早 4 号，新陆早 20 号，新陆早 5 号
	NAU5428-1（增效）	0.13	76	新陆早 20 号，新陆早 5 号，KK1543
	NAU2672-3（增效）	0.76	5	新陆早 29 号，新陆早 48 号，新陆早 33 号
有效果枝数	NAU0490-2（增效）	0.11	117	百棉 5 号，鑫秋 1 号，鲁棉 1 号
	NAU2723-1（增效）	0.07	85	徐州 142，百棉 5 号，鲁棉 1 号
	NAU3467-2（增效）	0.06	116	豫棉 21 号，百棉 5 号，鑫秋 1 号
	NAU1070-2（增效）	0.09	95	苏棉 2 号，鑫秋 1 号，鲁棉 1 号
	NAU0453-2（增效）	0.40	13	中棉所 12，冀棉 958，中植棉 2 号
	TMH05-1（增效）	0.11	139	百棉 5 号，鑫秋 1 号，鲁棉 1 号
果枝夹角/（°）	NAU6584-3（增效）	3.28	8	晋棉 29 号，晋棉 24 号，岱红岱
	NAU6584-1（减效）	-0.40	73	晋棉 6 号，系 9，新陆早 3 号
	NAU1070-2（增效）	0.44	95	荆 8891，中棉所 8，岱红岱
	NAU1070-1（减效）	-0.51	76	晋棉 6 号，系 9，新陆早 49 号
	NAU1025-3（增效）	1.20	66	荆 8891，乌干达 3 号，岱红岱
	NAU1025-1（减效）	-0.90	91	系 9，新陆早 3 号，新陆早 49 号
	NAU3414-3（增效）	2.83	6	锦棉 4 号，晋棉 29 号，岱红岱
	NAU3414-2（减效）	-0.17	71	系 9，新陆早 3 号，晋棉 6 号

三、结论与讨论

（一）本研究中解析 5 个株型性状遗传基础的必要性

株型的研究和应用在禾谷类作物如水稻、小麦、玉米等已有较多报道

（Perreira and Lee，1995；Zhuang et al.，1997；Peng et al.，1999；Kulwal et al.，2003）。棉花株型与产量和纤维品质密切相关（Wang et al.，2006；李成奇等，2010）。合理的株型可以改良群体的透光性，提高光合效率，增加收获指数。通过株型研究，可以为棉花育种提供新的选择标准。棉花育种者对棉花株型育种越来越重视。然而，株型性状是复杂的数量性状，受基因型×环境共同控制。复杂的遗传关系和大量的基因型×环境互作使得通过传统育种改良株型难度极大。衡量棉花株型有许多指标包括果枝始节高度、株高、主茎节长、主茎节间长度、总果枝数、有效果枝数、果枝长度、果枝节数和果枝夹角。其中，果枝始节高度可以衡量棉花的早熟性，因为早熟棉品种通常表现为较低的果枝始节（喻树迅，2007）；株高与植物形态建成和耐倒伏性有关，在株型育种中常被用于衡量作物的产量潜力（Liu et al.，2014）；总果枝数反映了棉株承载的潜在产量，而有效果枝数则反映棉株的实际产量。果枝夹角反映了棉株的紧凑程度，合适的果枝夹角便于通风透光、提高光合效率。基于以上原因，本研究利用关联作图解析这 5 个株型性状的遗传基础，结果将为棉花株型性状的分子育种提供重要信息。

（二）本研究陆地棉品种的遗传多样性

一个合适的关联作图群体应该包括尽可能多的遗传多样性（Flint-garcia et al.，2005）。因此，选择包含尽可能多的样本材料尤其重要。本研究中选用 172 份陆地棉品种和种质资源系进行株型性状的关联作图。尽管供试材料不多，但它们来源于多个系谱（包括岱字棉、斯字棉、福字棉和乌干达棉等）和多个生态棉区（包括长江流域棉区、黄河流域棉区、西北内陆棉区和北部特早熟棉区）。本章第一节表型结果显示株型性状具有较大的遗传多样性，而标记结果显示 386 个标记中仅101 个是多态性标记，这可能影响目标性状关联作图的检测效率。

（三）陆地棉基因组的连锁不平衡状况

连锁不平衡是关联作图的基础。在不同的玉米群体中，49%～56%的 SSR对存在显著的 LD（Stich et al.，2005，2006）。高比例的 SSR 对存在 LD 在栽培大麦种质（45%～100%）（Kraakman et al.，2004；Malysheva-otto et al.，2006）和硬质小麦优良种质（52%～86%）（Maccaferri et al.，2005）中也被报道。本研究得到概率统计显著支持（$P<0.01$）的不平衡成对位点的比例不大，仅占总组合数的 0.10，在玉米（10%）（Remington et al.，2001）和高粱（8.7%）（Hamblin et al.，2004）上也有类似的报道。陆地棉低比例成对位点的 LD 也可能与其较高的重组率（Brubaker et al.，1999）、基因突变及近年来陆地棉育种过程中种质间的杂交有关。

LD 程度决定关联作图需要的标记密度和作图策略（Gupta et al.，2005）。相比人类基因组关联作图需要极高的标记密度（Kruglyak，1999），棉花基因组可能需要较低的标记密度就能进行复杂性状有效的关联作图，这在其他作物上也有报道（Kraakman et al.，2004；Barnaud et al.，2006）。本研究中，将 LD 衰减阈值设置为 r^2=0.1 和 r^2=0.2 时，LD 衰减延伸的平均遗传距离分别为 13～14cM 和 6～7cM，这和前人的报道类似（Abdurakhmonov et al.，2009；Mei et al.，2013）。Abdurakhmonov 等（2009）利用 202 对 SSR 引物对由 335 个陆地棉品种构成的群体进行了 LD 估算，结果表明，当阈值 r^2=0.2 时陆地棉品种群体的 LD 平均衰减距离为 5～6cM，成功的关联作图至少需要大约 1000 个多态性标记。因此，随着第二代测序技术和棉花基因组研究的发展，利用各种数据库（如 cotton marker database、expressed sequence tags database from GenBank 和 unigene database）开发新的、稳定的分子标记如简单重复序列（SSR）和单核苷酸多态性（SNP），真正实施棉花全基因组的关联分析（genome-wide association study，GWAS）。

（四）利用 MLM 模型进行关联作图的检测功效

群体结构和亲缘关系是影响关联作图的 2 个重要因素，导致标记-性状的伪关联，难以鉴定真实的与目标性状关联的标记位点（Gupta et al.，2005；Myles et al.，2009）。有几种统计学方法用于关联作图（Yu et al.，2005，2008；Price et al.，2006）。利用 MLM（Q+K）模型进行标记-性状的关联作图，由于同时考虑了群体结构和亲缘关系，因此能更好地控制 Ⅰ 类和 Ⅱ 类错误率（Yu et al.，2005）。Neumann 等（2011）同时利用 GLM 和 MLM 进行了面包小麦（*Triticum aestivum* L.）的关联作图：GLM 仅仅考虑群体结构，而 MLM 既考虑群体结构又考虑亲缘关系。结果表明，利用 MLM 检测到的多数位点与前人报道的主基因或 QTL 一致，利用 MLM 对新位点进行验证比 GLM 更可靠。在棉花上，Abdurakhmonov 等（2009）利用 202 个 SSR 标记和 MLM 方法对 335 个陆地棉品种的纤维品质进行了关联作图，结果表明，利用 MLM 获得的显著关联能够被 GLM 和 SA（structured association）测验验证。本研究采用 TASSEL 2.1 软件提供的 MLM（Q+K）模型进行标记-性状的关联作图，由于同时考虑了群体结构和亲缘关系，能更好地减少由群体分层造成的假阳性（Zhao et al.，2007）。但随着模型的复杂可能带来假阴性，将控制某些性状的重要 QTL 漏检掉（Zhao et al.，2007）。不同模型间的深入比较有待进一步研究。

（五）与株型性状稳定关联的分子标记

获得与目标性状稳定连锁或关联的标记位点是进行标记辅助选择的基础。

利用传统的连锁作图方法，前人在不同群体、世代或环境中检测到一些纤维品质性状共同 QTL（Shen et al.，2005；Sun et al.，2012），这些 QTL 稳定性好，可以用于棉花纤维品质的标记辅助选择。随后，Cai 等（2014）利用 99 个陆地棉材料进行了棉花纤维品质的关联作图，结果显示，与纤维品质显著关联的分子标记中 36 个与前人基于家系群体获得的结果一致，4 个标记与前人基于关联作图获得的结果一致。这些在不同遗传背景中同时检测到的分子标记能够稳定遗传，同样可以用于纤维品质的分子改良。因为株型育种的重要性，前人利用连锁作图定位了若干株型性状共同 QTL（Wang et al.，2006；Song and Zhang，2009；Li et al.，2014），这些 QTL 可以用于株型的标记辅助选择。本研究利用关联作图检测到 66 个与株型性状关联的分子标记，其中，35 个标记同时在至少一个环境中检测到，包括 4 个标记同时在 4 个环境中检测到，4 个标记同时在 3 个环境中检测到，27 个标记同时在 2 个环境中检测到，这些标记稳定性较高，能够用于目标性状的标记辅助选择。遗憾的是，由于棉花株型性状研究至今尚少，再者不同试验室采用的标记不同，因此本研究获得的标记位点很难与前人结果进行准确的比较。随着研究的不断增多，本研究获得的分子标记将进一步得到验证。

（六）株型性状优异等位基因的发掘与利用

鉴定与目标性状关联的分子标记仅仅是关联作图的开始，进一步确认各位点中等位基因的差异，并进行优异等位基因的发掘利用才是最终目的。例如，Guo 等（2005）利用与一个主效纤维强度连锁的分子标记 BNL152 的优异等位基因进行辅助选择，有和没有优异等位基因植株的平均纤维强度达到极显著差异。Li 等（2013）利用 5 个标记 BNL3031、BNL3241、NAU1230、JESPR153 和 NAU1225 的抗性基因型（优异等位基因）进行选择，获得 3 个抗黄萎病棉花单株。本研究通过比较目标性状各等位基因的表型值，获得与株型性状稳定关联的 35 个标记的 48 个优异等位基因。其中，果枝始节高度的优异等位基因 12 个、株高的优异等位基因 18 个、总果枝数的优异等位基因 4 个、有效果枝数的优异等位基因 6 个、果枝夹角的优异等位基因 8 个。这 48 个优异等位基因可以通过 MAS 改良株型性状。需要提到的是，本研究的棉花材料检测到一些优异的稀有等位基因，频率小于 0.05。使用较高的阈值会减少假阳性，但同时阈值过高又有可能带来假阴性（Yan et al.，2011），将控制某些性状的重要 QTL/分子标记漏检掉。因为本研究旨在挖掘株型性状的优异等位基因，在棉花育种中这些优异的稀有等位基因有可能是重要的真实的等位基因，它们将在今后的工作中有待进一步验证。前人的研究中也有类似的报道（Mei et al.，2013；Cai et al.，2014）。因为中国的大多数陆地棉品种主要衍生自有限的骨干亲本（如岱字棉 15、岱字棉 16、斯字棉 2B 和乌干达 3 号），极大地限制了品种的遗传改良及其环境适应性（Mei et al.，2013）。因此，新类型的变异应该被充分挖掘和积累，同时应不断引进新材料以丰富陆地棉的遗传基础。需要强调的是，棉花的理想株型因不同生态条件和栽培实践存在不同。因此，某些性状的增效等位基因和减效等位基因，特别是株高和果枝夹角，根据具体的育种目标都可以用于育种实践中。此外，由于控制不同株型性状的基因可能紧密连锁或一因多效，一些标记同时与多个株型性状关联，部分解释了性状之间的遗传相关。这些标记可以通过辅助选择同时改良多个目标性状。

参 考 文 献

陈光，杜雄明. 2006. 我国陆地棉基础种质表型性状的遗传多样性分析. 西北植物学报，26（8）：1649-1656

李成奇，王清连，董娜，等. 2010. 陆地棉品种百棉 1 号主要株型性状的遗传研究. 棉花学报，22（5）：415-421

李向华，常汝镇. 1998. 中国春大豆品种聚类分析及主成分分析. 作物学报，24（3）：325-332

喻树迅. 2007. 中国短季棉育种学. 北京：科学出版社：84

Abdalla AM, Reddy OUK, El-Zik KM, et al. 2001. Genetic diversity and relationships of diploid and tetraploid cottons revealed using AFLP. Theor Appl Genet, 102(2): 222-229

Abdurakhmonov IY, Kohel RJ, Yu JZ, et al. 2008. Molecular diversity and association mapping of fiber quality traits in exotic *G. hirsutum* L. germplasm. Genomics, 92(6): 478-487

Abdurakhmonov IY, Saha S, Jenkins JN, et al. 2009. Linkage disequilibrium based association mapping of ber quality traits in *G. hirsutum* L. variety germplasm. Genetica, 136(3): 401-417

Agrama HA, Eizenga GC, Yan W. 2007. Association mapping of yield and its components in rice cultivars. Mol Breeding, 19(4): 341-356

Barnaud AT, Lacombe T, Doligez A. 2006. Linkage disequilibrium in cultivated grapevine, *Vitis vinifera* L. Theor Appl Genet, 112(4): 708-716

Belaj AM, Dominguez-García CS, Atienza G, et al. 2012. Developing a core collection of olive (*Olea europaea* L.)based on molecular markers (DAr Ts, SSRs, SNPs) and agronomic traits. Tree Genet Genomes, 8(2): 365-378

Bertini CHCMI, Schuster T, Sediyama EG, et al. 2006. Characterization and genetic diversity analysis of cotton cultivars using microsatellites. Genet Mol Biol, 29(2): 321-329

Bowman DT, May OL, Calhoun DS. 1996. Genetic base of upland cotton cultivars released between 1970 and 1990. Crop Sci, 36(3): 577-581

Bradbury PJ, Zhang Z, Kroon DE, et al. 2007. TASSEL: software for association mapping of complex traits in diverse samples. Bioinformatics, 23(19): 2633-2635

Brubaker CL, Paterson AH, Wendel JF. 1999. Comparative genetic mapping of allotetraploid cotton and its diploid progenitors. Genome, 42(2): 184-203

Brubaker CL, Wendel JF. 1994. Reevaluating the origin of domesticated cotton (*Gossypium hirsutum*:

Malvaceae) using nuclear restriction fragment length polymorphisms (RFLPs). Am J Bot, 81(10): 1309-1326

Buntjer JB, Sorensen AP, Peleman JD. 2005. Haplotype diversity: the link between statistical and biological association. Trends Plant Sci, 10(10): 1360-1385

Cai CP, Ye WX, Zhang TZ, et al. 2014. Association analysis of fiber quality traits and exploration of elite alleles in upland cotton cultivars/accessions (*Gossypium hirsutum* L.). J Integr Plant Biol, 56(1): 51-62

Campbell BT, Saha S, Percy R, et al. 2009a. Status of the global cotton germplasm resources. Crop Sci, 50(4): 1161-1179

Campbell BT, Williams VE, Park W. 2009b. Using molecular markers and field performance data to characterize the Pee Dee cotton germplasm resources. Euphytica, 169(3): 285-301

Chen HP, Wang ZL, Wei YM, et al. 2006. Cluster analysis of agronomic and quality characters in Sichuan wheat landraces. J Trit Crops, 26(6): 29-34

Chen WL, Wang RG, Zhu R, et al. 2009. Comparison of genetic diversity among peach cultivars based on biological traits and SSR markers. J Plant Genet Resour, 10: 86-90

Chen ZJ, Scheffler BE, Dennis E, et al. 2007. Toward sequencing cotton (*Gossypium*) genomes. Plant Physiol, 145(4): 1303-1310

Cornelious BK, Sneller CH. 2002. Yield and molecular diversity of soybean lines derived from crosses of Northern and Southern elite parents. Crop Sci, 42(2): 642-647

Esbroeck GAV, Bowman DT, May OL, et al. 1999. Genetic similarity indices for ancestral cotton cultivars and their impact on genetic diversity estimates of modern cultivars. Crop Sci, 39(2): 323-328

Evanno G, Regnaut S, Goudet J. 2005. Detecting the number of clusters of individuals using the software STRUCTURE: a simulation study. Mol Ecol, 14(8): 2611-2620

Fang DD, Hinze LL, Percy RG, et al. 2013. A microsatellite-based genome-wide analysis of genetic diversity and linkage disequilibrium in upland cotton (*Gossypium hirsutum* L.) cultivars from major cotton-growing countries. Euphytica, 191(3): 391-401

Flint-garcia SA, Thuillet AC, Yu J, et al. 2005. Maize association population: a high-resolution platform for quantitative trait locus dissection. Plant J, 44(6): 1054-1064

Ge S, Hong DY. 1994. Genetic diversity and its detection. *In*: Biodiversity Committee of Chinese Academy of Sciences Principles and Methodologies of Biodiversity Studies. Beijing: China Science and Technology Press

Geleta NM, Labuschagne T, Viljoen CD. 2006. Genetic diversity analysis in sorghum germplasm as estimated by AFLP, SSR and morpho-agronomical markers. Biodivers Conserv, 15(10): 3251-3265

Guo WZ, Cai CP, Wang CB, et al. 2007. A microsatellite-based, gene-rich linkage map reveals genome structure, function, and evolution in *Gossypium*. Genetics, 176(1): 527-541

Guo WZ, Zhang TZ, Ding YZ, et al. 2005. Molecular marker assisted selection and pyramiding of two QTLs for fiber strength in upland cotton. Acta Genet Sin, 32(12): 1275-1285

Gupta PK, Rustgi S, Kulwal PL. 2005. Linkage disequilibrium and association studies in higher plants: present status and future prospects. Plant Mol Biol Rep, 57(4): 461-485

Hamblin MT, Mitchell SE, White GM, et al. 2004. Comparative population genetics of the panicoid grasses: sequence polymorphism, linkage disequilibrium and selection in a diverse sample of *Sorghum bicolor*. Genetics, 167(1): 471-483

Hamza SW, Hamida B, Rebaï A, et al. 2004. SSR-based genetic diversity assessment among Tunisian winter barley and relationship with morphological traits. Euphytica, 135(1): 107-118

He DH, Xing HY, Zhao JX, et al. 2010. Genetic diversity analysis and constructing core collection based on phenotypes in cotton. Agric Sci Tech, 11(6): 57-60

Iqbal MJ, Aziz N, Saeed NA, et al. 1997. Genetic diversity evaluation of some elite cotton varieties by RAPD analysis. Theor Appl Genet, 94(1): 139-144

Iqbal MJ, Reddy OUK, El-Zik KM, et al. 2001. A genetic bottleneck in the 'evolution under domestication' of upland cotton *Gossypium hirsutum* L. examined using DNA fingerprinting. Theor Appl Genet, 103(4): 547-554

Jannink JL, Bink MC, Jansen AM, et al. 2001. Using complex plant pedigrees to map valuable genes. Trends Plant Sci, 6(8): 337-342

Joukhadar R, El-bouhssini M, Jighly A, et al. 2013. Genome-wide association mapping for five major pest resistances in wheat. Mol Breeding, 32(4): 943-960

Kantartzi SK, Stewart JMCD. 2008. Association analysis of fibre traits in *Gossypium arboreum* accessions. Plant Breeding, 127(2): 173-179

Kraakman AT, Niks RE, Van den Berg PM, et al. 2004. Linkage disequilibrium mapping of yield and yield stability in modern spring barley cultivars. Genetics, 168(1): 435-446

Kruglyak L. 1999. Prospects for whole-genome linkage disequilibrium mapping of common disease genes. Nat Genet, 22(2): 139-144

Kulwal PL, Roy JK, Balyan HS, et al. 2003. QTL mapping for growth and leaf characters in bread wheat. Plant Sci, 164(2): 267-277

Lacape JM, Dessauw D, Rajab M, et al. 2007. Microsatellite diversity in tetraploid *Gossypium* germplasm: assembling a highly informative genotyping set of cotton SSRs. Mol Breeding, 19(1): 45-58

Li CQ, Ai NJ, Zhu YJ, et al. 2016, Association mapping and favorable allele exploration for plant architecture traits in upland cotton (*Gossypium hirsutum* L.) accessions. J Agr Sci, 154: 567-583

Li CQ, Liu GS, Zhao HH, et al. 2013a. Marker-assisted selection of *Verticillium* wilt resistance in progeny populations of upland cotton derived from mass selection-mass crossing. Euphytica, 191(3): 469-480

Li CQ, Song L, Zhao HH, et al. 2014. Quantitative trait loci mapping for plant architecture traits across two upland cotton populations using SSR markers. J Agr Sci, 152(2): 275-287

Li CQ, Song L, Zhu YJ, et al. 2017, Genetic diversity assessment of upland cotton variety resources in China based on phenotype traits and molecular markers. Crop Sci, 57(1): 290-301

Li CQ, Wang XY, Dong N, et al. 2013b. QTL analysis for early-maturing traits in cotton using two upland cotton (*Gossypium hirsutum* L.) crosses. Breeding Sci, 63(2): 154-163

Li XB, Yan WG, Agrama H, et al. 2010. Genotypic and phenotypic characterization of genetic differentiation and diversity in the USDA rice mini-core collection. Genetica, 138(11): 1221-1230

Liu JC, Liu K, Hou N, et al. 2007. Genetic diversity of wheat gene pool of recurrent selection assessed by microsatellite markers and morphological traits. Euphytica, 155(1): 249-258

Liu KJ, Muse SV. 2005. PowerMarker: an integrated analysis environment for genetic marker analysis. Bioinformatics, 21(9): 2128-2129

Liu RZ, Ai NJ, Zhu XX, et al. 2014. Genetic analysis of plant height using two immortalized populations of "CRI12×8891" in Gossypium hirsutum L. Euphytica, 196(1): 51-61

Maccaferri M, Sanguineti, MC, Noli E, et al. 2005. Population structure and long-range linkage disequilibrium in a drum wheat elite collection. Mol Breeding, 15(3): 271-289

Malysheva-otto LV, Ganal MW, Roder MS. 2006. Analysis of molecular diversity, population structure and linkage disequilibrium in a worldwide survey of cultivated barley germplasm (Hordeum vulgare L.). BMC Genetics, 7(1): 6

Massman J, Cooper B, Horsley R, et al. 2011. Genome-wide association mapping of Fusarium head blight resistance in contemporary barley breeding germplasm. Mol Breeding, 27(4): 439-454

Mei HX, Zhu XF, Zhang TZ. 2013. Favorable QTL alleles for yield and its components identified by association mapping in Chinese upland cotton cultivars. Plos One, 8(12): e82193

Mei M, Syed NH, Gao W, et al. 2004. Genetic mapping and QTL analysis of fiber-related traits in cotton (Gossypium). Theor Appl Genet, 108(2): 280-291

Moiana LD, Filho PSV, Goncalves-Vidigal MC, et al. 2012. Genetic diversity and population structure of cotton (Gossypium hirsutum L. race latifolium H.) using microsatellite markers. Afr J Biotechnol, 11(54): 11640-11647

Multani DS, Lyon BR. 1995. Genetic fingerprinting of Australian cotton cultivars with RAPD markers. Genome, 38(5): 1005-1008

Myles S, Peiffer J, Brown PJ, et al. 2009. Association mapping: critical consideration shift from genotyping to experimental design. Plant Cell, 21(8): 2194-2202

Neumann K, Kobiljski B, Denčić S, et al. 2011. Genome-wide association mapping: a case study in bread wheat (Triticum aestivum L.). Mol Breeding, 27(1): 37-58

Nguyen TB, Giband M, Brottier P, et al. 2004. Wide coverage of the tetraploid cotton genome using newly developed microsatellite markers. Theor Appl Genet, 109(1): 167-175

Niu Y, Xu Y, Liu XF, et al. 2013. Association mapping for seed size and shape traits in soybean cultivars. Mol Breeding, 31(4): 785-794

Pan CX, Xu Y, Ji HB, et al. 2015. Phenotypic diversity and clustering analysis of watermelon Germplasm. J Plant Genet Resour, 16(1): 59-63

Paterson AH, Brubaker CL, Wendel JF. 1993. A rapid method for extraction of cotton (Gossypium spp.) genomic DNA suitable for RFLP or PCR analysis. Plant Mol Biol Rep, 11(2): 122-127

Peng J, Richards DE, Hartley NM, et al. 1999. 'Green revolution' genes encode mutant gibberellin response modulators. Nature, 400(6741): 256-261

Perreira MG, Lee M. 1995. Identification of genomic regions affecting plant height in sorghum and maize. Theor Appl Genet, 90(3): 380-388

Pillay M, Myers GO. 1999. Genetic diversity in cotton assessed by variation in ribosomal RNA genes and AFLP markers. Crop Sci, 39(6): 1881-1886

Price AL, Patterson NJ, Plenge RM, et al. 2006. Principal components analysis corrects for stratification in genome-wide association studies. Nat Genet, 38(3): 904-909

Pritchard JK, Stephens M, Donnelly P. 2000. Inference of population structure using multilocus genotype data. Genetics, 155(2): 945-959

Qian YQ, Ma KP, Han XG. 1994. Biodiversity Research Principles and Methods. Beijing: China Science and Technology Press

Qin HD, Guo WZ, Zhang YM, et al. 2008. QTL mapping of yield and fiber traits based on a four-way cross population in *Gossypium hirsutum* L. Theor Appl Genet, 117(6): 883-894

Rana MK, Singh VP, Bhat KV. 2005. Assessment of genetic diversity in upland cotton (*Gossypium hirsutum* L.) breeding lines by using amplified fragment length polymorphism (AFLP) markers and morphological characteristics. Genet Resour Crop Ev, 52(8): 989-997

Reed DH, Frankham R. 2001. How closely correlated are molecular and qualitative measures of genetic variation? A meta-analysis. Evolution, 55(6): 1095-1103

Reinhardt D, Kuhlemeier C. 2002. Plant architecture. Embo Reports, 3(9): 846-851

Remington DL, Thornsberry JM. Matsuoka Y, et al. 2001. Structure of linkage disequilibrium and phenotypic associations in the maize genome. Proceedings of the National Academy of Sciences of the United States of America, 98(20): 11479-11484

Rohlf FJ. 2000. NTSYS-pc: Numerical Taxonomy and Multivariate Analysis System, Version 2. 1, User Guide. New York: Exeter Software

Saeed AI, Bhagabati NK, Braisted JC, et al. 2006. TM4 microarray software suite. Method Enzymol, 411: 134-193

SAS Institute. 2013. The SAS System for Windows. Release 9. 4. Cary, NC: SAS Inst

Sharma L, Prasanna BM, Ramesh B. 2010. Analysis of phenotypic and microsatellite-based diversity of maize landraces in India, especially from the North East Himalayan region. Genetica, 138(6): 619-631

Shen XL, Guo WZ, Zhu XF, et al. 2005. Molecular mapping of QTLs for fiber qualities in three diverse lines in upland cotton using SSR markers. Mol Breeding, 15(2): 169-181

Shen XL, Guo WZ, Zhu XF, et al. 2007. Genetic mapping of quantitative trait loci for fiber quality and yield trait by RIL approach in upland cotton. Euphytica, 155(3): 371-380

Song XL, Zhang TZ. 2009. Quantitative trait loci controlling plant architectural traits in cotton. Plant Sci, 177(4): 317-323

Stich B, Haussmann BI, Pasam R, et al. 2010. Patterns of molecular and phenotypic diversity in pearl millet [*Pennisetum glaucum* (L.) R. Br.] from West and Central Africa and their relation to geographical and environmental parameters. BMC Plant Biol, 10(1): 1-10

Stich B, Maurer HP, Melchinger AE, et al. 2006. Comparison of linkage disequilibriumin elite European maize inbred lines using AFLP and SSR markers. Mol Breeding, 17(3): 217-226

Stich B, Melchinger AE, Frisch M, et al. 2005. Linkage disequilibrium in European elite maize germplasm investigated with SSRs. Theor Appl Genet, 111(4): 723-730

Sun FD, Zhang JH, Wang SF, et al. 2012. QTL mapping for fiber quality traits across multiple generations and environments in upland cotton. Mol Breeding, 30(1): 569-582

Talib I, Ali S, Pervez MW, et al. 2015. Study of genetic diversity in germplasm of upland cotton(*Gossypium hirsutum* L.)in Pakistan. Am J Plant Sci, 6(13): 2161-2167

Tatineni V, Cantrell RG, David DD. 1996. Genetic diversity in elite cotton germplasm determined by morphological characteristics and RAPDs. Crop Sci, 36(1): 186-192

Wang BH, Wu YT, Huang NT, et al. 2006. QTL mapping for plant architecture traits in upland cotton using RILs and SSR markers. Acta Genetica Sinica, 33(2): 161-170

Wendel JF, Brubaker CL. 1993. RFLP diversity in *Gossypium hirsutum* L. and new insights into the domestication of cotton. Am J Bot, 80(SUPPL): 71

Wu YT, Zhang TZ, Yin JM. 2001. Genetic diversity detected by DNA markers and phenotypes in upland cotton. Acta Genet Sin, 28(11): 1040-1050

Xu Y, Crouch J. 2008. Marker-assisted selection in plant breeding: from publications to practice. Crop Sci, 48(2): 391-407

Yan J, Warburton M, Crouch J. 2011. Association mapping for enhancing maize (*Zea mays* L.) genetic improvement. Crop Sci, 51(2): 433-449

Yan WG, Agrama H, Jia M, et al. 2010. Geographic description of genetic diversity and relationships in the USDA Rice World Collection. Crop Sci, 50(6): 2406-2417

Yang XC, Hwa CM. 2008. Genetic modification of plant architecture and variety improvement in rice. Heredity, 101(5): 396-404

Yang XH, Yan JB, Shah T, et al. 2010. Genetic analysis and characterization of a new maize association mapping panel for quantitative trait loci dissection. Theor Appl Genet, 121(3): 417-431

Yu J, Holland JB, Mcmullen MD, et al. 2008. Genetic design and statistical power ofnested association mapping in maize. Genetics, 178(1): 539-551

Yu J, Pressoir G, Briggs WH, et al. 2005. A unified mixed-model method for association mapping that accounts for multiple levels of relatedness. Nat Genet, 38(2): 203-208

Zhang J, Guo WZ, Zhang TZ. 2002. Molecular linkage map of allotetraploid cotton (*Gossypium hirsutum* L.×*Gossypium barbadense* L.) with a haploid population. Theor Appl Genet, 105(8): 1166-1174

Zhang JF, Lu Y, Cantrell RG, et al. 2005. Molecular marker diversity and field performance in commercial cotton cultivars evaluated in the Southwestern USA. Crop Sci, 45(4): 1483-1490

Zhang PT, Zhu XF, Guo WZ, et al. 2006. Inheritance and QTL tagging for ideal plant architecture of Simian3 using molecular markers. Cotton Sci, 18(1): 13-18

Zhang TZ, Qian N, Zhu XF, et al. 2013. Variations and transmission of QTL alleles for yield and fiber qualities in upland cotton cultivars developed in China. Plos One, 8(2): e57220

Zhang TZ, Yuan YL, Yu J, et al. 2003. Molecular tagging of a major QTL for fiber strength in upland cotton and its marker-assisted selection. Theor Appl Genet, 106(2): 262-268

Zhang YX, Zhang XR, Che Z, et al. 2012. Genetic diversity assessment of sesame core collection in China by phenotype and molecular markers and extraction of a mini-core collection. BMC Genetics, 13(1): 1-14

Zhao K, Aranzana MJ, Kim S, et al. 2007. An arabidopsis example of association mapping in structured samples. Plos Genet, 3(1): e4

Zhao YL, Wang HM, Chen W, et al. 2014. Genetic structure, linkage disequilibrium and association mapping of *Verticillium* wilt resistance in elite cotton (*Gossypium hirsutum* L.) germplasm population. Plos One, 2(1): 1-16

Zhao YL, Wang HM, Chen W, et al. 2015. Genetic diversity and population structure of elite cotton (*Gossypium hirsutum* L.) germplasm revealed by SSR markers. Plant Syst Evol, 301(1): 327-336

Zhou LY, Guo ZQ, Ma YL, et al. 2011. Pricipal component and cluster analysis of different spring wheat cultivars based on agronomic traits. J Trit Crops, 31(1): 1057-1062

Zhuang JY, Lin HX, Lu J, et al. 1997. Analysis of QTL×environment interaction for yield components and plant height in rice. Theor Appl Genet, 95(5): 799-808

第六章 棉花株型育种展望

第一节 棉花种质资源的拓展和利用

种质资源（germplasm resources）是在漫长的历史发展过程中，由自然演化和人工创造而形成的一种重要的自然资源，它积累了由自然和人工引起的、极其丰富的遗传变异，即蕴藏着各种性状的遗传基因。棉花的种质资源包括棉属的野生种和野生种系、生产上曾经推广的品种，以及由外地引进的各种品种和尚未定型的品系等。这些种质具有非常丰富的遗传多样性，特别是四个栽培棉种更具有大量的变异类型。种质资源的遗传多样性是培育优良作物品种的必要条件，是棉花育种和生产发展的物质基础。

一、棉花种质资源的拓展

遗传多样性的本质是生物在遗传物质上的变异，即编码遗传信息的核酸在组成和结构上的变异。通常所说的遗传多样性是指种内不同种群之间或一个种群内不同个体的遗传变异（盖钧镒，2005）。遗传多样性的表现形式是多层次的，在个体水平上表现为生理代谢差异、形态发育差异及行为习惯差异；在细胞水平上表现为染色体结构的多样性及细胞结构与功能的多样性；在分子水平上表现为核酸、蛋白质、多糖等生物大分子的多样性。生物的演化导致不同的分布和不同的适应性，在遗传上表现为遗传多样性。迄今为止，对棉花种质资源遗传多样性的研究主要在形态学水平、细胞学水平、生化水平和分子水平四个方面进行。棉花种质资源中，陆地棉品种（品系）仍然是最直接、最有效的资源。然而，国内外研究结果一致表明，棉属种间遗传多样性高，陆地棉品种间的遗传多样性很低（王芙蓉等，2002）。我国早期引进的品种及其衍生品种成为我国陆地棉育种的基础种质（杜雄明等，2004），同时也是导致品种遗传基础狭窄的根本原因。对我国育成品种的系谱分析表明，无论系统选育还是通过杂交育成的品种，其亲本来源不外乎引进的岱字棉、斯字棉、德字棉、福字棉、金字棉等系统，而这些品种最早都来自墨西哥一个家系的 12 个单株（潘家驹，1998）。在育种中重复利用少数优良品种作亲本，导致了棉花品种遗传多样性的降低（Van and Bowman，1998）。充分利用种质资源中蕴藏的遗传多样性，拓展陆地棉遗传基础将是今后种质资源创新工作的重要内容。

追溯棉花驯化和作物育种的历史可以发现，现在棉花的遗传多样性已经远远小于其原始物种，遗传基础狭窄已成为限制育种突破和发展的主要因素。而育种亲本和育种方法的选择对育成品种的遗传多样性有重要影响，过多地依赖少数基础种质和育种方法单一是造成品种多样性差的重要原因。综合以往研究，今后对棉花种质资源的研究应考虑以下几个方面：①把建立核心种质作为棉花种质资源研究的长远发展目标；②加强国外种质的引进与利用，通过综合运用多种育种手段创造具有更多优良性状的新种质；③通过多种途径最大限度地利用现有资源中存在的优异等位基因，加强种质资源的创新；④筛选和创造彩色棉、长绒棉、粗短纤维棉等专用棉种质，以适应不同的消费需求；⑤加强对棉花野生种质的研究，将野生种质的多种优良性状应用到棉花育种工作中，丰富棉花种质；⑥由于不同标记均具有优缺点，因此在不断开发新型标记的同时，将多种标记联合起来用于遗传多样性分析十分必要；⑦研究好棉花物种与各种环境之间的相互作用，利用生态育种来拓宽棉花种质资源同样也是值得深入研究并充分利用的育种新方法。

　　需要强调的是，当前株型育种越来越受到棉花育种工作者的重视。因此，正如本书前文所述，今后工作应广泛收集不同类型的棉花株型种质材料，利用各种手段包括单株选择、转基因、杂种优势利用等不断创新棉花株型种质资源，为以塑造理想株型为目标的棉花株型育种提供材料保障。

二、棉花种质资源的利用

　　品种改良的过程实质上是对基因的操作过程，首先要鉴定或创造出优异基因或等位基因，而后通过有效重组和选择，将对主要育种目标性状有利的等位基因聚合在一起（Budak et al.，2004）。目前种质资源的评价及新基因的挖掘已进入了基因组时代，棉花种质资源的评价也要在已有表型信息的基础上，利用不断发展的基因组学和功能基因组学技术对不同资源中具有的目标性状 QTL/基因的数量、位置、标记及基因效应进行深入研究，为标记辅助选择和分子设计育种提供更多的遗传信息（Boopathi et al.，2011）。

　　目前，棉花上已利用连锁作图定位了大量的产量、纤维品质、抗性、早熟性等育种目标性状 QTL，为在 QTL/基因、等位基因水平上鉴定和评价种质资源奠定了基础。但是，由于大量研究使用了暂时性分离群体，QTL 的真实性和稳定性缺乏验证；同时，不同研究使用的材料和分子标记差异较大，大部分定位结果难以进行有效比较。在少数能够进行比较的研究中，由于受遗传材料和环境特异性的限制，QTL 定位结果差异也较大。QTL 的稳定性是能否用于标记辅助选择的重要标志，对已有 QTL 定位结果进行验证与整合将是亟待解决的问题。Rong 等（2007）和 Lacape 等（2010）通过元分析（meta analysis）分别对不同群体定位的432 个 QTL 及 1213 个 QTL 结果进行了整合，发现了一些共同的 QTL 位点。基于连锁不平衡的关联作图，利用种质资源群体长期重组后遗留下来的 LD 进行 QTL 检测，定位精确度更高（Yu et al.，2006）；并能在一次分析中同时考查多个性状、检测同一性状的多个复等位基因，更利于 QTL 的验证和优异等位基因的发掘。利用关联作图，棉花上已挖掘到一批与主要育种目标性状显著关联的标记位点，获得了若干稳定的目标性状优异等位基因，这些优异等位基因将在育种实践中得到验证。

笔者所在的课题组经过近 10 年的努力，分别对自主培育的高产陆地棉品种百棉 1 号（中熟棉）和百棉 2 号（短季棉）进行了群体构建，利用连锁作图获得了若干稳定的株型性状 QTL 及其分子标记；利用来自不同系谱不同生态棉区的 172 份陆地棉骨干品种（系）进行了遗传多样性分析和关联作图，挖掘到若干与株型性状显著关联的稳定分子标记及优异等位基因。这些稳定的分子标记、优异等位基因将为棉花株型种质资源的评价和利用提供参考。

第二节　棉花株型分子设计育种

现代作物育种对育种目标的要求不再是单一的，培育成的品种力求同时达到高产、优质、多抗、高效和广适应性。传统的植物遗传改良实践中，研究人员一般通过植物种内的有性杂交进行农艺性状的转移。这类作物的育种实践虽然对农业产业发展起到了很大的推动作用，但存在几个方面的缺陷：一是农艺性状的转移很容易受种间生殖隔离的限制，不利于利用近缘或远缘种的基因资源对选定的农作物进行遗传改良。二是通过有性杂交进行基因转移易受不良基因连锁的影响，如要摆脱不良基因连锁的影响则必须对多世代、大规模的遗传分离群体进行检测。三是利用有性杂交转移基因的成功与否一般需要依据表观变异或生物学测定来判断，检出效率易受环境因素的影响。上述缺陷在很大程度上限制了传统植物遗传改良实践效率的提高，传统育种已难以实现多个育种目标性状的同步提高。

一、分子设计育种的概念

（一）分子设计育种的提出

在基因组学和功能基因组学研究获得重大理论与技术突破，以及基因挖掘、分子标记辅助转移和转基因技术获得较大进步的基础上，各国科学家力图利用分子育种技术克服传统育种的缺点。比利时科研人员 Peleman 和 Jr（2003）提出了品种设计育种的技术体系，并对"设计育种（breeding by design）"这一名词进行了商标注册。他们认为分子设计育种应当分 3 步进行：定位相关农艺性状的 QTL；评价这些位点的等位性变异；开展设计育种。

所谓分子设计育种，是一种以生物信息学为平台，以基因组学和蛋白质组学的数据库为基础，综合作物育种程序中所用的作物遗传、生理生化和生物统计等学科知识，根据具体作物的育种目标和生长环境，先在计算机上设计最佳方案，再开展作物育种试验的新型作物育种方法。分子设计育种实际上是在 MAS 基础上的深化研究和应用。2003 年 863 计划设立了"分子虚拟设计育种"，是我国最早开辟的分子设计育种研究项目。程式华等（2004）和万建民（2006）先后从不同角度提出了我国分子设计育种的策略。

（二）分子设计育种的优点

与常规育种方法相比，分子设计育种首先在计算机上模拟实施，考虑的因素更多、更周全，因而所选用的亲本组合、选择途径等更有效，更能满足育种的需要，可以极大地提高育种效率。值得指出的是，分子设计育种在未来实施过程中将是一个结合分子生物学、生物信息学、计算机学、作物遗传学、育种学、栽培学、植物保护、生物统计学、土壤学、生态学等多学科的系统工程。由于品种分子设计是基于对关键基因或 QTL 功能的认识而开展的，并采用了高效的基因转移途径，它具有常规育种无可比拟的优点，如基因转移和表型鉴定精确、育种周期短等。分子设计育种已成为国际上引领作物遗传改良进步的最先进技术。一旦建立了完善的品种分子设计体系，就可以快速地将功能基因组学的研究成果转变成大田作物品种而创造巨大的经济效益。

二、棉花株型性状的全基因组遗传解析

（一）棉花全基因组测序

DNA 测序技术的出现，标志着基因组时代的到来。随着各种生命科学技术日新月异的发展，传统的通量低、成本高、自动化程度低的第一代测序技术已经远远不能满足大规模基因组测序的高效率和高通量的要求，因此第二代、第三代高通量测序技术应运而生。利用高通量测序技术，研究者能够经济又高效地对农作物、模式植物或作物不同栽培品种进行深入的全基因组测序。到目前为止，利用高通量测序技术已经对主要农作物如水稻（Yu et al.，2002）、玉米（Schnable et al.，2009）、黄瓜（Huang et al.，2009）、白菜（Wang et al.，2011）、马铃薯（Xu et al.，2011）和番茄（Consortium，2012）等进行了全基因组测序。

在棉花基因组研究中，高通量测序技术也得到了广泛应用。Wang 等（2012）利用 Illumina Hiseq 2000 测序平台对异源四倍体棉花 D 基因组祖先种二倍体雷蒙德氏棉（*Gossypium raimondii*）（D$_5$）进行了全基因组测序，构建了不同片段的文库，共获得 78.7Gb 的 reads，覆盖雷蒙德氏棉基因组的 103.6 倍，经过生物信息学

方法组装后得到了 775.2Mb 的序列。二倍体雷蒙德氏棉基因组测序不仅为棉花产量和品质改良提供了重要的候选基因，还为四倍体棉花栽培种基因组的序列拼接提供了重要的参考。

Li 等（2014）通过高通量测序解析了二倍体亚洲棉（A_2）大小约 1694Mb、包含 41 330 个编码基因、重复序列高达 68.5%的 A 基因组，结合高密度遗传图谱将 90.4%的 scaffold 序列成功挂载到 13 条染色体上。通过比较基因组学发现，亚洲棉和雷蒙德氏棉在距今约 500 万年从同一祖先分化而来，两者在染色体水平上保留了高度的共线性，基因数目及基因序列都极为相似，但由于 A 基因组发生过多次大规模的反转座子（LTR）插入事件，导致其基因组膨胀至超过 D 基因组近 2 倍。

Zhang 等（2015）选取陆地棉遗传标准系 TM-1[（AD）$_1$]，利用 Illumina Hiseq 2500 平台 PE100 进行测序，采用 SOAPdenovo 软件进行组装，结合 17 万对 BAC 末端序列和高密度遗传图谱，获得了高质量的陆地棉全基因组物理图谱。组装结果 contig N50 达到 34Kb、scaffold N50 达到 1.6Mb，其中 92%的 scaffold 可定位到染色体上，并对四倍体棉花中两个亚基因组的非对称进化机制进行了解析。在 A 亚基因组中正选择基因与纤维长度的发育有重要关系，而在 D 亚基因组中正选择基因多与抗性有关，表明陆地棉继承了两个祖先种中各自的优良性状，具有良好的纤维品质及广泛的适应性。通过基因组注释，A 亚基因组和 D 亚基因组分别得到了 32 032 和 34 402 个编码基因。几乎同时，Li 等（2015）利用全基因组散弹枪法、BAC-to-BAC、高密度遗传图谱构建等策略，也完成了陆地棉遗传标准系 TM-1 的测序工作。2173Mb scaffold 序列的 88.5%被锚定到 26 条染色体上，覆盖了 89.6%～96.7%的 AtDt 基因组，其中重复序列高达 67.2%。通过基因组注释，得到了 76 943 个蛋白质编码基因。利用比较基因组学方法，揭示了四倍体棉花是由 A 基因组的祖先和 D 基因组的祖先通过染色体融合而形成的。研究还发现，一方面，Dt 基因组比 At 基因组有更高的单碱基突变和非同义突变率。另一方面，与祖先二倍体基因组相比，四倍体基因组的纯化选择压力更小。

Liu 等（2015）完成了海岛棉[（AD）$_2$]新海 21 的全基因组测序，组装获得的 A（At）、D（Dt）亚基因组序列大小分别为 1.395Gb 和 0.776Gb，包含了至少 63.2%的重复序列，其中一半为长末端重复序列反转录转座子。在 2483 个棉纤维特异表达基因中，发现了细胞延长调节因子 PRE1，PRE 成员的扩张可能是导致棉纤维延长的遗传因素。

以上多个棉种基因组测序工作的完成，为棉花基因组进化、比较基因组学、全基因组关联分析、QTL 精细定位和定位克隆、分子设计育种等相关研究奠定了坚实的基础。

（二）结合连锁作图和关联作图鉴定株型性状 QTL

　　株型育种正在成为当前棉花育种的热点。加强棉花株型的分子遗传机理研究，解析棉花株型相关的分子靶点，将为棉花株型的分子育种提供理论依据。由于连锁作图和关联作图各具优缺点，因此，建立在棉花全基因组序列信息的基础上，结合连锁作图和关联作图鉴定棉花株型性状 QTL，是全面解析棉花株型性状遗传机制的有效途径。具体做法是，在充分研究现有棉花种质资源的基础上，利用株型差异较大的种质材料构建重组自交系群体，进行株型性状的全基因组连锁作图，获得稳定的目标性状 QTL；筛选有广泛变异的株型种质资源，利用全基因组 SSR、SNP 等分子标记进行标记-性状的关联作图，获得稳定的与目标性状显著关联的分子标记，同时与连锁作图结果相互印证；利用株型差异较大的种质材料构建染色体片段代换系、高世代回交群体，利用连锁作图进行目标性状 QTL 的精细定位，将目标性状 QTL 限定在少数几个候选基因范围内，明确其遗传效应；通过比较基因组学分析、转基因功能验证和 RNAi 干涉等方法确定候选基因的功能，进一步获得目标性状功能标记。

（三）基于高密度遗传图谱鉴定棉花株型性状杂种优势 QTL

　　杂种优势是指杂种在生长势、生活力、抗逆性、繁殖力、适应性、产量、品质等方面优于其亲本的现象（Birchler et al.，2003）。利用杂种优势培育杂交种一直是农林业优良品种培育的主要途径。然而，同杂种优势在生产上的实际利用相比，杂种优势遗传机理的研究相对滞后。近百年来，广大学者先后提出了诸如显性（Bruce，1910）、超显性（East，1936）、核质互作（Sernyk and Stefansson，1983）、遗传平衡（Pei，1987）和上位性效应（Cheverud and Rountman，1995）等各种观点。利用分子标记和 QTL 定位揭示杂种优势遗传机理的研究近年逐渐增多，为从分子水平上理解杂种优势遗传机制提供了良好契机。基于遗传图谱剖析棉花杂种优势遗传机理的研究已有报道。李昆等（2010）利用强优势杂交棉中棉所 66 的 $F_{2:3}$ 群体检测到 10 对产量性状的上位性 QTL，其中 5 对上位性 QTL 达到了显著或极显著水平；Wang 等（2007）利用湘杂棉 2 号的重组自交系群体进行了产量性状的上位性 QTL 分析，认为上位性效应可能是湘杂棉 2 号杂种优势形成的重要基础；随后，刘任重（2010）利用湘杂棉 2 号的永久 F_2 群体，以中亲优势作为杂种优势值，进一步揭示湘杂棉 2 号的杂种优势机理，结果显示上位性效应包括基因间互作和基因×环境的互作是湘杂棉 2 号杂种优势的重要遗传基础。Liang 等（2015）利用欣杂 1 号的 $F_{2:3}$ 和 $F_{2:4}$ 群体发掘了棉花产量及其构成因素 QTL，结果表明，单位点的部分显性和超显性效应、双位点的上位性效应是棉花产量杂种优势形成的遗传基础。上述研究为阐明棉花杂种优势遗传机理奠定了重要基础，但由于受图谱标记密度的限制，这些研究不属于严格意义上的全基因组扫描，QTL检测效率有限。因此，利用棉花全基因组分子标记构建高密度遗传图谱，基于图谱进行棉花株型性状杂种优势遗传机理的研究迫在眉睫。具体做法是，选取在株型性状上表现出明显优势的杂交棉品种，利用其亲本构建重组自交系群体和永久F_2群体，基于高密度遗传图谱，结合多年多点试验，对株型性状 QTL 及其杂种优势 QTL 同时进行检测，全面分析株型性状杂种优势遗传组分；通过比较两种检测结果，获得可靠、稳定的株型性状杂种优势相关 QTL；根据棉花基因组序列信息，通过遗传图谱与物理图谱的对接、生物信息学分析、转基因功能验证等，获得株型性状杂种优势相关的功能标记。De Vicente 和 Tanksley（1993）曾将两个与干物质积累有关的超显性 QTL 回交转移到栽培番茄中，获得了超亲个体。因此，通过上述方法获得的可靠、稳定 QTL 将通过杂交、回交和标记辅助选择，提高棉花株型性状的后代选择（超亲遗传）和杂种优势利用效率。

三、棉花株型分子设计育种

分子设计育种是现代作物育种的高层设计、精准育种，需要大量的基础理论研究。目前，分子设计育种在水稻、玉米等作物上已经开展（程式华等，2004；王益军等，2010），但还达不到真正意义上的设计育种。棉花的分子设计育种，要兼顾产量、纤维品质、早熟性、抗病虫性、广适应性等经济性状。对株型性状来说，通过塑造理想株型，提高叶面积指数，改良光合效率，最终提高棉花产量、改良品质。因此，棉花株型的分子设计育种一旦实施，可以实现多个经济性状的同步提高。棉花株型性状是个综合性状，包括株高、果枝长度、株高/果枝长度、主茎节间长度、果枝节间长度、总果节数、总果枝数、有效果枝数和果枝夹角等多个株型构成因素。解析这些性状的遗传机理及调控网络，开发大量的目标性状稳定、主效 QTL 及与其紧密连锁的功能标记，是株型分子设计育种的前提。在此基础上，应做好以下工作：①针对棉花分子设计育种的理论模型和方法体系，开发相应的计算机程序和软件，用于设计育种实践；②根据不同生态棉区耕作制度和理想株型特点，搜查各具不同优良株型性状的种质材料，利用相应目标性状的优异等位基因进行位点聚合；③通过试验和计算机模拟，建立优化分子标记辅助亲本选配和后代选择策略，组装前景选择和背景选择的全基因组多性状聚合的育种技术体系，完善分子设计育种和常规育种相结合的育种程序；④加强株型性状杂种优势的分子设计育种研究，将与目标性状稳定、主效杂种优势 QTL 紧密连锁的功能标记用于育种实践，探寻杂种优势分子设计育种策略，最终培育强优势高产优质棉花杂交种。

参 考 文 献

程式华,庄杰云,曹立勇,等.2004.超级杂交稻分子育种研究.中国水稻科学,18(5):377-383

杜雄明,刘国强,陈光.2004.论我国棉花育种的基础种质.植物遗传资源学报,5(1):69-74

盖钧镒.2005.植物种质群体遗传改良的测度.植物遗传资源学报,6(1):1-18

李昆,杨代刚,马雄风,等.2010.强优势杂交棉产量性状的QTL定位.分子植物育种,8(4):673-679

刘任重.2010.湘杂棉2号杂种优势的遗传机理研究.南京:南京农业大学博士学位论文

潘家驹.1998.棉花育种学.北京:中国农业出版社:50-52

万建民.2006.作物分子设计育种.作物学报,32(3):455-462

王芙蓉,张军,刘任重,等.2002.我国棉花种质资源研究现状及发展方向.植物遗传资源科学,3(2):62-65

王益军,孙萍,邓德祥,等.2010.玉米关联分析与品种分子设计.玉米科学,18(5):9-13,18

Birchler JA, Auger DL, Riddle NC. 2003. In search of the molecular basis of heterosis. Plant Cell, 15(10): 2236-2239

Boopathi NM, Thiyagu K, Urbi B, et al. 2011. Marker-assisted breeding as next-generation strategy for genetic improvement of productivity and quality: can it be realized in cotton? Int J Plant Genomics, 2011(5550): 670104

Bruce AB. 1910. The Mendelian theory of heredity and augmentation of vigor. Science, 32(827): 627-628

Budak H, BÖlek Y, Dokuyucu T, et al. 2004, Potential uses of molecular markers in crop improvement. KSU J Sci Engin, 7(1): 75-79

Cheverud JM, Rountman EJ. 1995. Epistasis and its contribution to genetic variance components. Genetics, 139(3): 1455-1461

Consortium TG. 2012. The tomato genome sequence provides insights into fleshy fruit evolution. Nature, 485(7400): 635-641

De Vicente MC, Tanksley SD. 1993. QTL analysis of transgressive segregation in an interspecific tomato cross. Genetics, 134(2): 585-596

East EM. 1936. Heterosis. Genetics, 21: 375-397

Huang S, Li R, Zhang Z, et al. 2009. The genome of the cucumber, *Cucumis sativus* L. Nat genet, 41(12): 1275-1281

Lacape JM, Llewellyn D, Jacobs J, et al. 2010. Meta-analysis of cotton fiber quality QTLs across diverse environments in a *Gossypium hirsutum*×*G. barbadense* RIL population. BMC Plant Biol, 10(1): 132

Li F, Fan G, Lu C, et al. 2015. Genome sequence of cultivated upland cotton (*Gossypium hirsutum* TM-1) provides insights into genome evolution. Nat biotechnol, 33(5): 524-530

Li F, Fan G, Wang K, et al. 2014. Genome sequence of the cultivated cotton *Gossypium arboreum*. Nature genetics, 46(6): 567-572

Liang QZ, Shang LG, Wang YM, et al. 2015. Partial dominance, overdominance and epistasis as the genetic basis of heterosis in upland cotton (*Gossypium hirsutum* L.). Plos One, 10(11): e0143548

Liu X, Zhao B, Zheng HJ, et al. 2015. *Gossypium barbadense* genome sequence provides insight into the evolution of extra-long staple fiber and specialized metabolites. Sci Rep, 5: 14139

Pei XS. 1987. Mathematical heredity and breeding. Shanghai Scientific and Technical Publishers, Shanghai, China, 244-267

Peleman JD, Jr VDV. 2003. Breeding by design. Trends Plant Sci, 8(7): 330-334

Rong J, Feltus FA, Waghmare VN, et al. 2007. Meta-analysis of polyploid cotton QTL shows unequal contributions of subgenomes to a complex network of genes and gene clusters implicated in lint fiber development. Genetics, 176(4): 2577-2588

Schnable PS, Ware D, Fulton RS, et al. 2009. The B73 maize genome: complexity, diversity, and dynamics. Science, 326(5956): 1112-1115

Sernyk JL, Stefansson BR. 1983. Heterosis in summer rape (*B. napus* L.). Can J Plant Sci, 63(2): 407-413

Van EG, Bowman DT. 1998. Cotton germplasm diversity and its importance to cultivar development. J Cotton Sci, (3): 121-129

Wang BH, Wu YT, Huang NT, et al. 2007. QTL analysis of epistatic effects on yield and yield component traits for elite hybrid derived—RILs in upland cotton. Acta Agron Sinica, 33(11): 1755-1762

Wang X, Wang H, Wang J, et al. 2011. The genome of the mesopolyploid crop species Brassica rapa. Nat genet, 43(10): 1035-1039

Xu X, Pan S, Cheng S, et al. 2011. Genome sequence and analysis of the tuber crop potato. Nature, 475(7355): 189-195

Yu J, Hu S, Wang J, et al. 2002. A draft sequence of the rice genome (*Oryza sativa* L. ssp. *indica*). Science, 296(5565): 79-92

Yu J, Pressoir G, Briggs WH, et al. 2006. A unified mixed-model method for association mapping that accounts for multiple levels of relatedness. Nat Genet, 38(2): 203-208

Zhang T, Hu Y, Jiang W, et al. 2015. Sequencing of allotetraploid cotton (*Gossypium hirsutum* L. acc. TM-1) provides a resource for fiber improvement. Nat biotechnol, 33(5): 531-537